内容简介

随着现代城市生活的蓬勃发展，优美又充满野趣的自然环境，也如流水般渐渐逝去……衣着亮丽却身体臃肿的现代儿童，他们吹惯了冷气的皮肤，不曾享受过山风的温柔与清凉；总充斥着噪音的耳朵，没有听过画眉从幽静的树林里唱出嘹亮、婉转又动人心弦的歌声；吸满废气的鼻子，竟不知道世间有幽兰的香气；被油腻与浓甜宠坏的味觉，尝不出菜根野果清淡粗糙中深沉的甘美；更没有品尝过饥饿的滋味，当然也享受不到饱足的幸福。

在这本书中，徐仁修满怀喜悦又惆怅的心情，记述了充满野趣的童年生活，来与远离自然的现代人分享他的“荒野乡愁”。本书不仅是一本诗意盎然的新“朝花夕拾”，而且还是一本结合了影像与生态来展现台湾四季自然面貌的科普书。读者在获得生物知识与生态常识的同时，能充分领略台湾自然生态的四季面貌，台湾最纯真、最动人的美丽脸谱……请和徐仁修一起走进如诗如画的大自然吧。

【村·童·野·径】 VILLAGE KIDS ON WILD TRAILS

徐仁修荒野游踪 · 寻找大自然的秘密

村童野徑

VILLAGE KIDS ON WILD TRAILS

徐仁修／撰文 · 摄影

北京大学出版社
PEKING UNIVERSITY PRESS

目录

【缘　起】

寻找喜悦又惆怅的荒野乡愁

随着我这一代人童年的消逝，优美又充满野趣的自然环境，也如流水般渐渐逝去……污浊的空气与散发着恶臭的水沟，竟然好像它们天生就是这样子，被现代人接受。这些射出精明眼光，衣着亮丽又有些臃肿的儿童，没有摸过蛤，不曾与红蜻蜓斗过智，也不曾涉过沼泽，更不曾夜行于山野密林……他们吹惯了冷气的皮肤，不曾享受过山风的温柔与清凉；总充斥着噪音的耳朵，没有听过画眉从幽静的树林里唱出嘹亮、婉转又动人心弦的歌声；吸满废气的鼻子，竟不知道世间有幽兰的香气；被油腻与浓甜宠坏的味觉，尝不出菜根野果清淡粗糙中深沉的甘美；更没有品尝过饥饿的滋味，当然也享受不到饱足的幸福。

我试着用丰富又和谐的颜色，用充满盎然生命力的影像，以童稚细微之心，写出对大自然甜美与淡淡忧伤的感受，刻画出喜悦又惆怅的荒野乡愁，这是写《村童野径》的缘起。

徐仁修

05 【村·童·野·径】
VILLAGE KIDS ON WILD TRAILS

【前奏曲】

母亲教我的歌谣

汉唐时，汉民族仍然是一个活泼又热情的民族，但后来却变得拘谨又保守，尤其是在唐朝以后，几乎失去了歌与舞，这当然和帝王利用儒家及理学来钳制人民的思想有关系，歌舞成了王公贵族的专属娱乐，这情形扼杀了不少汉民族后来的创造力。反而边疆及少数民族在歌舞艺术上有很大的成就，当阿美族的郭英男，以浑厚的歌声唱出阿美族的饮酒歌，透过奥运传向全世界时，感动了多少世人。我是客家人，客家仅有歌却无舞，但客家山歌多少也丰富了我的童年。

童年时，母亲教我唱了不少的童谣童歌。它丰富了我的想象力，记得她教我唱《红蜻蜓》，那旋律至今仍常盘旋在我脑中，而歌词我虽已不复清晰记忆，但其所表达的淡淡忧伤一直冲击着我在世界各地旅行探险途上的游子心情。近年我想为儿童写童诗，儿时与母亲同唱《红蜻蜓》的感受竟常常涌起，我就用我内心的感受，为那一首充满乡愁的旋律重新填上了词，这是童歌、是童诗，你会发现它深深地影响着我……

六岁的我、母亲与弟弟
1952年7月摄于新竹

紅蜻蜓
在夏日艷陽下飛來飛去
記不起
童年時在哪裡和妳相遇
在小溪
我初次見識了妳的美麗
我心底
油然升起深深的愛慕之意
十五歲
我離開故鄉流浪到異域
就此斷去
故鄉美麗小姑娘的消息
紅蜻蜓
在秋日黃昏飛過小溪去
不知道
來生少年時能否再相聚

【开　场】

分享无限甜美的村童回忆

五岁的我。1951年摄于新竹

童年是整个人生的基石，童年的经历以及童年时所做的梦想，会随着成长而逐渐变成了乡愁，而这也几乎决定了往后的人生。我回顾自己的人生时发现，我二十九岁之后所做的事，几乎都是在慢慢实践自己童年时期的梦想——旅行、探险、摄影、写作……

我亲自验证了童年的经历对于人生所造成的重大影响，所谓"年少时的梦想，是灵魂的愿望"，这句话更是我人生历程中最大的体认，所以我为孩子或孩子的父母写了许多文章与书籍，像《家在九芎林》、《它们哪里去了？》等等，无非希望孩子们都有一个精彩的经历所转化而成的美丽乡愁，这是父母及老师们无可旁贷的神圣责任，这无关富有或贫穷，而是与爱、与智慧以及豁达的人生观有关。

我写《村童野径》正是分享我的童年经验，这大约是50年代，那时我正是顽皮、好奇又有点叛逆的十岁村童。有着做不尽的农事以及写不完的功课，是所有村童的苦恼，结伴上山下河是最大的快慰。我们熟悉每一条大小溪流、每一座或高或低的山丘、每一条野径以及每一个有野果的角落……我们更清楚出现在生活场景中的各种动物、植物，无论它们是野生、饲养或栽植……

所以，你会发现《村童野径》里的各种动植物，如何在我童年中形成一种亲密又美好的经验，最后变成了美丽的乡愁，让我有无限甜美的回忆，与源源不绝的写作灵感。

我以季节来分述一年中的各种经历，从春寒料峭的早春开始到岁末严寒。现在因为工业化排放大量废气造成全球暖化现象，已经很难体会凄风苦雨、九降风（农历九月霜降时节所吹的东北季风）狂吹以及上学途中小路边的草叶上铺着薄薄白霜……但是毕竟每一个时代都有它的场景，会有不同的经历，而这些也都可以是非常精彩的体验。最重要的是"心"，做父母、老师的要用心，要有爱，不能有任何的借口，毕竟童年是如此的短暂，又如此的重要啊！

早春

【春之一・春光序曲】

VILLAGE KIDS ON WILD TRAILS

早春

【春之一 · 春光序曲】

寒冷的東北季風終於停了
然後悄悄地轉向
大地一片氤氳
蔓藤攀樹
春草茁長
陌上的村童分外懶洋
割草的進度總是追不上
田裡農人頻頻催牛前進
家家戶戶忙著準備插秧
空氣中瀰漫著特殊的氣息
那是新翻泥土、割草
以及茼蒿花的芳香
春天多麼舒爽

除了即将到来的第一次月考
还有累死人的插秧

金银花

南風輕輕吹
吹過大山背
帶著淡淡的芬芳
那是村童熟悉的
金銀花香味

金花銀花
沿著野徑
一路開向外婆家
爬上九芎樹
攀經山黃麻
越過小土堤
緣掛竹籬笆
表哥採去賣藥房
表姊折來髮上插

黄金花白銀花
清香又淡雅
花中的謙謙君子和隱士
誰人來入詩
無人來做畫
啊！只有村童們
深深喜愛著金銀花

【金银花、九芎、山黄麻】

金银花这个名字源自它的花色。当春天来临，它首先开出雪白的花朵，这白花经过一两天之后，逐渐转成金黄色（图1），然后再凋谢，所以我们往往可以在同一株花穗上看见黄、白两色的花朵，黄代表金，白代表银，所以它就有了一个很富贵的名字——金银花。明朝的植物与医药学者李时珍说："花初开者，蕊瓣俱色白，经二三日，则色变黄，新旧相参，黄白相映，故呼金银花。"金银花还有另一个很特别的名字，叫"忍冬"。想来它必定很有忍耐寒冬的能力，魏晋时代名医陶弘景说："凌冬不凋，故名忍冬。"它属于忍冬科，在台湾地区有阿里山忍冬（图2）、短梗忍冬、红腺忍冬、毛忍冬、川上氏忍冬以及新店忍冬（右页图），其中以分布在低海拔地区的毛忍冬及新店忍冬最为常见。毛忍冬分布在台湾中北部平野至海拔三百米以下的山区，花期极长，以春夏二季最盛；新店忍冬则自生于台湾北部丘陵地、旷野林地中，在春季开花。金银花在药用上有清热、解毒功效，春天时，村童会采收花朵晒干后卖给中药房，以换取微薄的零用钱。

九芎的木材质硬，树皮光滑（图3），所以又叫"猴不爬"。常见于台湾低海拔至平野，有很多地名跟它都有关，例如作者童年生长的新竹县芎林乡，在以前先人开垦时，发现森林里有很多九芎树，因此称此地为"九芎林"。后来成立乡镇时，规定以两字为宜，就把"九"去掉，叫"芎林乡"。

山黄麻是大乔木（图4），是台湾海拔五百米以下常见的大树。它是先驱树种，常常是树林遭砍伐或坍方后最早长出的树种之一，生长速度非常快，十几年就可以成为大树。

1

2

3

4

大乌龟

一隻冬眠初醒的大烏龜
搖搖擺擺
從新綠的水草間鑽出來
步履雖蹣跚
生命卻是自由自在
不耕不耘
才免於被定植
不築屋宇糧倉
也就沒有牢房
村童不解
為甚麼只有人類
總是被生活緊緊綑綁
春天的一切令人陶醉
生命的自由更顯珍貴
冒著春寒下田的村童

遇見了漫遊的烏龜
不知不覺
流下無奈的淚水

【乌龟不见了】

乌龟原本是台湾常见的两栖类爬行动物，沼泽、湿地、池塘、河川、沟渠、水田都十分容易见到它的身影，村童常常抓它来当宠物，过几天养腻了又放回野外去。

但近几十年来，因为水质被农药、工厂废水等严重污染而导致本土乌龟濒临绝种，反而是一种原产在南美的巴西乌龟（图1）在进口台湾之后，被饲养者弃养，因而在台湾野外生存下来。这种巴西乌龟适应新环境能力极强，个性又凶狠，现在成了台湾最大的乌龟族群，也严重威胁原生乌龟的生存。

过去汉人迷信用龟甲长时间熬煮成胶，用来滋补养生，也就是俗称的“龟胶”，因此造成野生乌龟的浩劫。近年因为生态概念普及以及医药的发达，已经很少发生这种情况，但有些寺庙仍笃信放生动物可以获得功德，间接造成许多人专捕捉野生乌龟来卖给人放生（图2）。然而，放生者并不懂得生态，常把很多动物野放在非其栖息地的环境里，这看似“功德无量”的举动，却造成当地原生动物受到外来物种的威胁，甚至使得大多数被放生的动物，因为对环境的不适应而生病、死亡，让原本富有好生之德的美意，反而成为造成更多生命死伤的灾难。

1

2

2

3

【台湾的乌龟】

台湾的原生乌龟共有四种，它们是：柴棺龟（图1右、图3）、斑龟（图1左）、金龟（图2）以及食蛇龟（图4）。

食蛇龟常常被人误解为会捕食蛇类的乌龟，这个误谬是因为许多人并没有对它做过观察或研究，凭空想象它可以用腹甲把蛇夹死，并把蛇吃掉，所以它名字的由来可说完全是一场误会。

其实，食蛇龟的身体构造和其他的乌龟不同。它拥有可以开合自如的腹甲，在其腹甲的二分之一处，有一横向的韧带。当它在危急时，前后两半的腹甲板会分别与背甲闭合，形成一个密闭的龟壳（见左页示意图）。如此一来，它可以将头部与四肢完全隐藏于硬壳中，让皮肉不外露，也降低被敌人咬伤的机会。

1

食蛇龟腹甲的二分之一处有一横向的韧带，让前后复甲可以开合，形成密闭的龟壳。

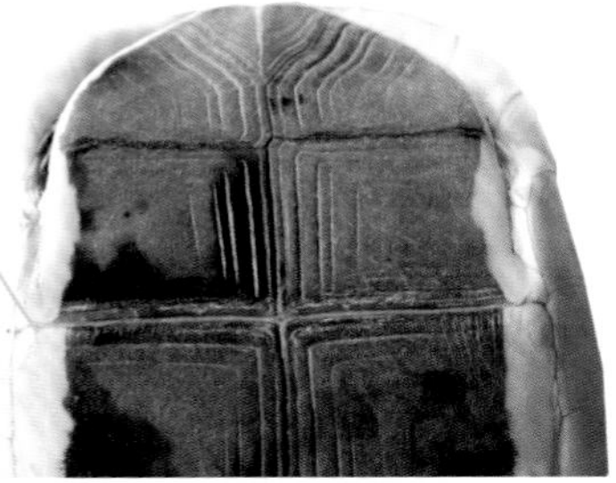

食蛇龟的保命机关——活动腹甲

一眼瞧见敌人靠近，立刻停止活动。

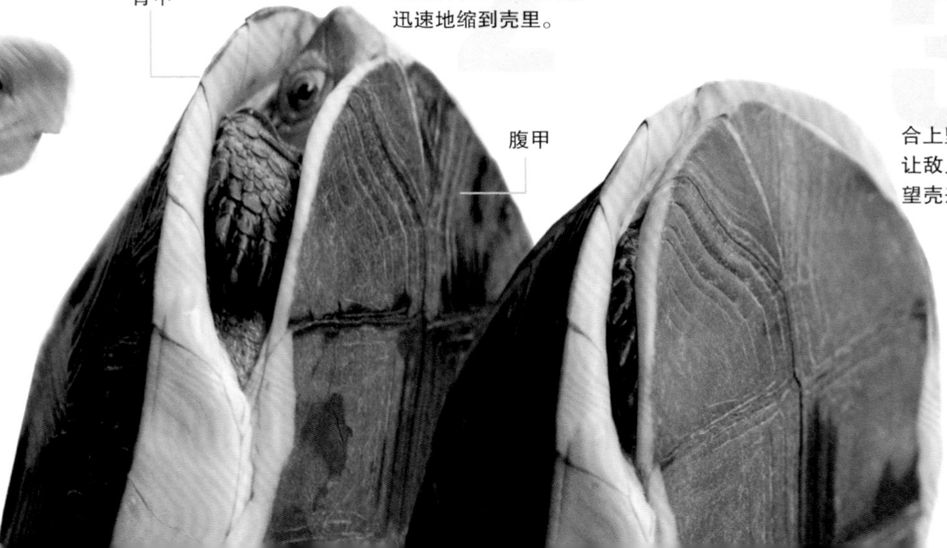

立刻将头、尾与四肢迅速地缩到壳里。

合上坚硬的腹甲，让敌人束手无策，望壳兴叹！

遇见怪甲虫

长颈卷叶象鼻虫

山桂花開出淡雅的小白花
一隻奇特的小甲蟲
躲在它的葉片下
村童從來沒有見過牠
想是來自最新的一本漫畫

牠的造型和行動
全然是一部新發明的怪機器
一輛重型坦克車
上面裝了一組超大的吊臂
操作起來看似僵硬笨拙
卻編出巧妙的葉荷囊
村童無法仿製
很想知道教牠的是哪一位阿婆

這是牠孩子的搖籃
幼蟲成長的家園
僅僅一片綠葉
就讓牠食宿具足到成年

【长颈卷叶象鼻虫】

三月，正是台湾大地回春之际，许多沉睡已久的植物纷纷发芽、长叶，甚至开花，这时我们很容易在这些幼芽嫩叶新枝或花朵上，发现许多种可爱的昆虫。

如果你认得水金京或山桂花，你就有机会在它的嫩叶上发现一种很特别的小甲虫。它的模样既可爱又有点好笑，颈子长长，好像长颈鹿似的。再仔细看它的身体构造，更像卡通或漫画中的机器怪兽。法国著名的昆虫学家法布尔曾经对它做过仔细观察，并留下一段文字描述：会为子女编织摇篮的“长颈卷叶象鼻虫”，或叫做“长颈摇篮虫”（右页图）。

这小小的象鼻虫能在短短的二三十分钟里，用一片绿叶编织出一个精密的摇篮（图1—3），而整个施工过程仅靠嘴和小脚。如此巧妙的工艺，实在让人无法相信它只是一只体型娇小的昆虫。在每个细心编织的摇篮中央，母虫都产下了一颗金黄色的蛋（图4），孵化后的幼虫，便以摇篮的叶片为食物，并在其内化蛹。羽化后咬开最外一层裹叶飞出，一只新一代的象鼻虫便出现了。长颈卷叶象鼻虫从卵到羽化飞出，整个生命的成长过程消耗不到一片绿叶，它对物质节约利用的能力，效率真的是十分惊人！

4

苦楝树之二

野溪坡上橫陳著幾堆古墓
旁邊長著幾棵小喬木
枝椏一葉不掛
如槁如枯
總在刮著大風的寒夜裡
一會兒哀嚎大哭
一會兒如泣如訴
這是沒有人喜歡的樹木
村人說這是厲鬼種的
苦楝樹

鬼也會種樹
村童心知這是大人胡扯
纏著阿源伯說清楚
是的　生活已夠辛苦
誰叫它名字中有一個苦

苦楝树之二

枯寂已久的苦楝樹
枝端不知何時冒出淡淡的紫煙
這是一個訊號
只有村童注意到
還有談戀愛的紅鳩
以及喋喋不休的棕背伯勞
苦楝樹開花了
鳥語花香替換了嚴冬時的鬼哭神號
不過幾天
苦楝樹已是繁花怒放
淡淡的紫
微微的香
似含蓄又奔放
只有村童給予欣賞的眼光
也等待著時間往訪

這是與自然玩伴
天牛與鳴蟬相約的地方
是村童去歲收藏玩具
與樂器的庫房
這是春忙中最快慰的想象
只有村童喜歡苦楝樹
只有孩子有能力
把鬼塚變天堂

【苦楝与苦命的迷思】

苦楝，通称楝树，因为全树无论枝叶、树皮、树根皆含有苦味，所以俗名叫做“苦楝”，台湾则呼之为“苦苓”。生长在台湾地区的平野及低海拔山区，它也分布在中国大陆南方、中南半岛及印度。

台湾人不喜欢苦楝树，因为名字里有“苦”一字，影射了生活很“苦”。早期台湾人有买养女以帮忙家务的习俗（等养女长大，有的就作为媳妇，称之为“童养媳”），有些命不好的养女会因为受虐而寻短自杀，自杀时常选择有较低横干的苦楝树上吊。这也让苦楝树蒙上了“鬼树”的污名，因此住家附近的苦楝树常常还没长大就被人砍除。

它们只有在荒郊野地、公墓附近，或者是土地公庙旁，才能“受到鬼神的庇佑”，得以长成大树。幸好近三十年来，这种迷信逐渐被破除，苦楝树才有增加的趋势。

1

【苦楝树乐园】

苦楝树通常会在深秋落叶，整个冬季只见光溜溜的枝条与树干，但春天来时，新芽总是先吐出花苞，花呈淡紫，细小而多，远看有如冒着紫烟，别有特色。苦楝树的木材可以做家具，树皮及树根可以驱除蛔虫，果实称为“金铃子”，有除湿热、清肝火、止痛、驱虫之功效。在印度，人们至今还用它的小枝咬成刷毛状后作为刷牙之用。三、四月开花，果实在秋冬成熟，是许多鸟类的重要食物（图1），像红嘴黑鹎（图2）、乌头翁、白头翁、灰椋鸟（图3）等，它们常吞食整颗果实，饱餐一顿后，在排泄时排出种子，也顺便帮苦楝播种。

它也是星天牛最爱在其树干上产卵的树种之一，只要天牛幼虫在树干里面钻食，洞口就会流出黏胶，村童常以竹竿尾端沾上这种黏胶，用来作为黏捕停栖在枝干上的鸣蝉或甲虫的秘密武器，因此也让村童跟苦楝树的关系变得十分密切。

3

2

暮春

【春之二・盎然春色】

VILLAGE KIDS ON WILD TRAILS

暮春

【春之二 · 盎然春色】

氣候一天比一天濕熱
暮春正與初夏玩著拔河
野花怒放
雜草亂長
放牛的村童齊聚山坡
搜尋懸鉤子
還有疏林間的野菝樂
草蟬幽幽群鳴
習飛的雛鳥飛飛落落
菜園濕潤
稻田欣欣向榮
耕牛也恢復了壯碩
村童沒有急事
除了從來沒有寫完的功課
這是一年中最美好的日子

生命盎然
氣氛熾熱
大地充滿著美麗和諧與歡樂

蓝鹊的英姿

村童一致同意
沒有其他鳥比藍鵲更艷麗
金色的眼睛
朱紅的喙和雙足
全身寶藍
還有長長鑲白的尾羽
優雅的舉止
有著鳳鳥的貴氣
村童也有自知之明
不會傻得想攫取牠的幼雛
他們都知道
只要稍近牠的巢窩
就會遭群鳥輪番痛啄
即使土狗從下走過
也會得到同樣的結果

但村童不會放棄
小小的冒險和刺激
猜拳輸的要當誘餌
扮演被追啄的靶機
讓大夥可以好整以暇
欣賞藍鵲的英姿和美麗

星星虫

螢火蟲
星星蟲
桃子樹下掛燈籠
三月飛到西
四月飛到東
桃花樹下找老公
五月下梅雨
六月吹南風
桃子結來大又紅
七月去提親
八月就訂婚
九月急急送過門

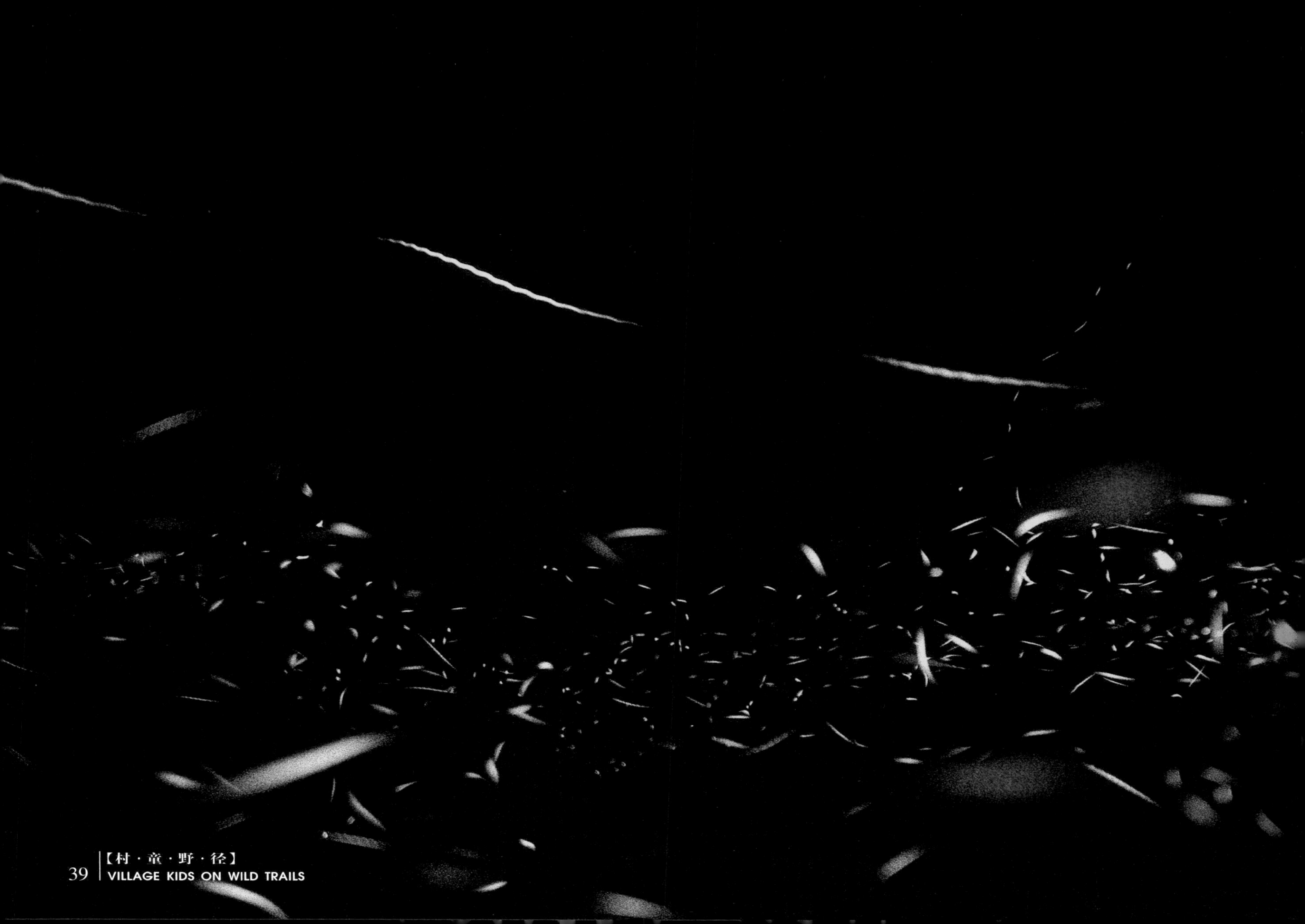

◀这种生存在婆罗洲雨林中最古老的萤火虫幼虫（图1），它不会发光。

【神秘的萤火虫】

萤火虫对人类来说一直是非常的神秘，除了它所发出的幽幽冷光令人不解之外，人们对于它的生活史也丝毫不知，所以才有“草腐生萤”的推测与传说。事实上，这句成语应该是指草、叶腐烂之后，蜗牛前来觅食，进而吸引以蜗牛为主食的萤火虫幼虫前来捕食，所以“草腐生萤”的误谬成语应该改为“草腐生蜗”才对！在台湾，老一辈的人更把萤火虫说成是死人的指甲变的，用来吓阻儿童不要抓萤火虫。大人们的这个说法，虽然有些怪力乱神，却可避免孩子在黑夜中追捕萤火虫而跌伤，或误踩草丛中的毒蛇而被咬伤，不但保护了儿童，也间接地保护了萤火虫！

幽幽荧光虽然如此神秘，但又有很大的吸引力，也给人们带来无限的想象，所以童歌、童谣以及民间故事之中，萤火虫出现的次数非常多。此外也给诗人带来很多灵感，例如杜牧那首流传千古的诗，总让人生起同样的浪漫情怀。

银烛秋光冷画屏，轻罗小扇扑流萤。
天阶夜色凉如水，卧看牵牛织女星。

萤火虫是一种完全变态的昆虫，它们由卵孵化成为幼虫，再变成蛹，最后羽化飞出。萤火虫幼虫大致分成两类，一类生活在水中，以水里的螺贝为食物；一类生活在陆地上，以蜗牛、蛞蝓为食（图2），只有一种叫“双色垂须萤”的幼虫（图3）以蚯蚓为主食。萤火虫在大自然生态平衡上，可是扮演着非常重要的角色。1970到1990年间，萤火虫因为污染、农药与栖地破坏而大量减少，结果造成蜗牛危害农作物，形成了农业的灾害，由此可见维持大自然食物链平衡的重要性。

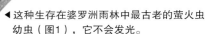

【夜里的发光一族】

地球上除了萤火虫会发光之外，在新西兰及澳洲有一种“荧光蚋”（图2），它的幼虫成群躲在黑暗的大洞穴之中，在栖息的凹壁上吐织许多具有黏性的链状线（图1），然后用尾部的发光器引诱小飞虫、飞蛾前来，并用黏性的狩猎线黏捕它们。

此外在南美洲亚马逊河流域，有一种叩头虫也会发光（图4），它的前胸背板后方有两个圆点会发出冷光，当飞行时，胸前也会发出橘红色的光。

不是只有昆虫会发光，有好几种蕈类也会发光（图3），特别在热带雨林不难发现。在台湾也有一种荧光蕈，常在夏日雨后的晚上，出现在竹林里。

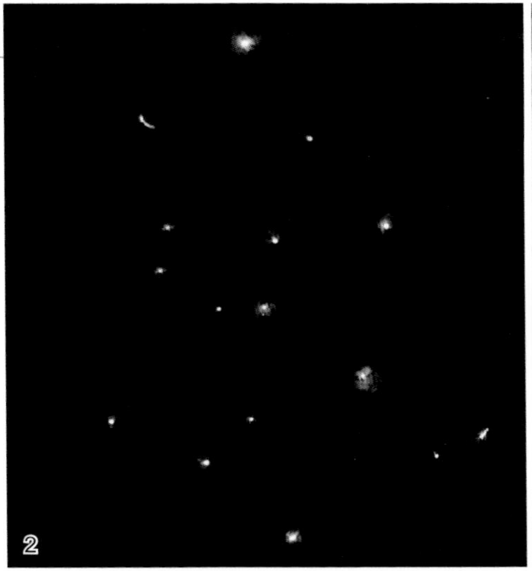
2

1

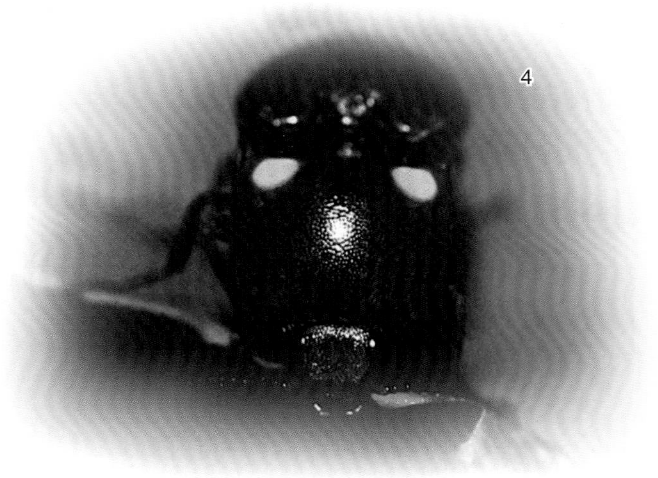
4

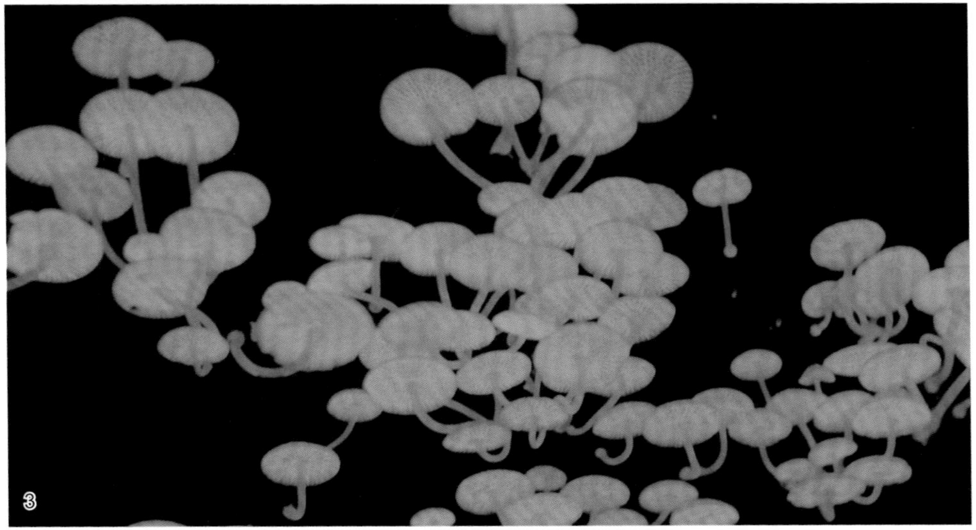
3

远足

城裡的童子來遠足
穿著光鮮又沒有補釘的衣服
口袋裡是鼓鼓的糖果
還掛著裝滿汽水的水壺

城裡的孩子好奇地對我們注目
不知道鄉下孩子為何都穿破褲
也沒有人穿鞋子
大概村童都不喜歡被束縛

城裡的孩子用望遠鏡看農人
用照相機對著我們
以糖果換我們手中的蜻蜓
以彈珠交換林投葉編的蚱蜢
所有的孩子都笑得很大聲

聽說城裡的孩子甚麼都懂
考試常常一百分
只是他們抓不到蜻蜓
也找不到鍬形蟲
不過是一隻攀木蜥蜴
就嚇得好像遇見恐龍

凤眼莲

單調的平野沼塘
在夏日的一個早上
突然一片繁花鋪張
這是諸神的水宴
就在這裡豪華登場

每一穗花都賞心
每一朵花都悅目
每一片花瓣都動人
最偉大的畫家
用神來之筆
點繪了金色的鳳眼
這是活生生的藝術
正做最完美的展出
有人一生追求安逸
一朵花也沒有閒過

甚至一輩子活得陰陰黯黯
不如一株鳳眼蓮
放牧的村童也了然
生活要過得精彩
生命要如花燦爛

【布袋莲】

凤眼花也叫凤眼莲，是因为它黄色的纹块好像凤凰的眼形（图1）。西洋人称它为水风信子，台湾则叫它布袋莲，因为它的叶柄膨胀如装了许多东西的布袋（图2）。它那似布袋的叶柄里装满了空气（图3，叶柄剖面图），所以让它能漂浮于水面上生长。

布袋莲原产于南美洲，生长迅速，繁殖快，开的花美丽又有特色，被喜欢园艺的人士引到各国去栽培。强大的繁殖能力使它很快地逸出野外，从此造成许多地方的大麻烦。它占满河面，阻塞水道（右页图），让许多船只无法航行。它铺满湖面也造成湖水的优氧化，让许多鱼贝无法生存，每年得耗费不少人力物力去清除这些外来植物。布袋莲在1901年由日本人田代安定引进台湾，现在遍布全台的泥沼、田园水沟及流速较缓的河流或岸边湿地。

近年有科学家研究，发现它含有不错的营养，经加工后可以作为家畜的饲料添加物。看来这种生长急速，被人认为有害的植物，有一天很可能变成另一种新的农作物而造福人类。嫩叶及叶柄也可以作为蔬菜食用，对现代人来说算是一种健康食品。在民间疗法中，它有清热解毒、除湿祛风、利尿消肿之功效，可治中暑、肾炎、高血压，花还可以用来治疗马的皮肤病。

2

3

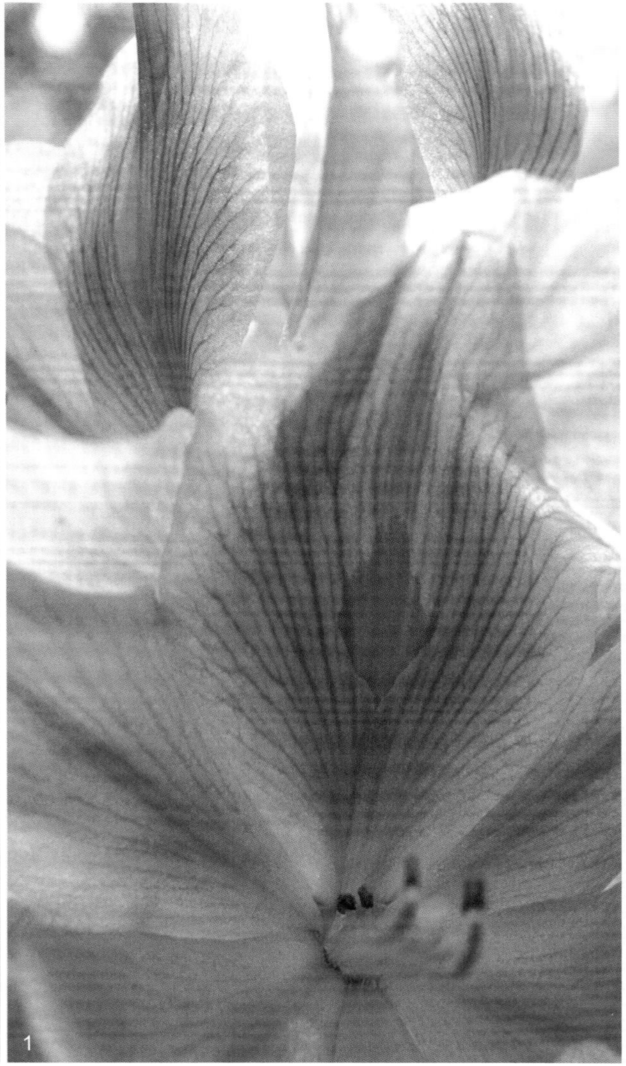
1

牧童基地

山溪邊坡上長著大片灌木
呈現著一簇簇
隨著地形起伏
有山桂花、大青和烏雞骨
當然也少不了灰木
卻以野牡丹居多數
平時它並不出風頭
一旦花開就惹眼搶目
灌木間也雜生著芒萁白茅和月桃
以及難呼其名的小植物
有些地方被藤蔓佔據
其下常是一丘古墓
有的早已沒有碑柱
或者字跡已模糊
村人來此採草藥
或者設陷阱抓野兔

這是村童最愛的地方
想盡藉口趕牛來此放牧
享受忙裡偷閒的大夥相處
或玩遊戲
或傳遞小道消息
交換野外的新發現
分享著各種鄉野傳奇

【野牡丹】

野牡丹是全台湾平野及低海拔山区最易见的常绿灌木，花大而美，被许多人认为是最美丽的野花，故有“牡丹”的封号（图1）。它在医药上用途甚广，例如根可治消化不良、胃痛、腹泻，叶有止痛止血之效，所以村童常嚼碎嫩叶涂敷伤口用来止血止痛。野牡丹的果实微甜可食，是村童常采食的野果之一（图2），食后唇齿会染成紫蓝色。目前也有人将野牡丹花当做观赏植物，园艺种的野牡丹花色彩较偏于紫红色（图4）。

月桃与野牡丹是山坡地的常见植物，两种植物常常同时开花（图3）。

1

2

3

4

【山坡上常见的植物】

乌鸡骨、大青、山桂花、灰木、野牡丹都是台湾低海拔山区与平野地区常见的灌木、小乔木，与人的生活关系密切。

灯秤花是乌鸡骨的中文学名，因为深色的枝条上有白色的小圆点，很像昔日汉人使用的“秤杆”，又因为它开的小白花在林荫下特别显眼如灯，故名“灯秤花”（图1）。它的枝条色深近黑又细小，状如乌骨鸡的骨头，所以又被称为“乌鸡骨”。村人用其根作为清凉消炎之用，可治疗感冒、肺炎等。

大青是全台湾低海拔山区常见的灌木（图2），早期民间用它来做染料，能把布染成蓝色。

芒萁是一种蕨类植物（图3），分布很广，除了台湾地区，中国大陆南部、日本南部都可以见到。在台湾地区的中低海拔山麓、林缘路旁都可见到其踪影，喜欢在酸性土壤、干燥、向阳的地方生长。富有弹性的茎枝可以编织花篮，药用上有解热、止血等效用。

灰木最特别的是它的花（图4），多而密集，众多的白色雄蕊突出花冠，好像毛球般，叶及树皮可以用来当成黄色及红色染料。民间也用它的根来治哮喘、祛风痰。

初夏

【夏之一·夏日野趣】

VILLAGE KIDS ON WILD TRAILS

初夏

【夏之一·夏日野趣】

記得那年仲夏
我猶是打著赤膊的三尺頑童
寂寞炙熱的午後
我奔跑在樹影斑駁的野徑
蜻蜓來回梭巡
樹上騷蟬激鳴
地上蚱蜢亂竄
兩旁斑蝶飛飛停停
流經村旁山谷的河中
有著童子們戲水的身影
笑聲罵語呼姓喊名
穿過炎炎夏境
依稀聽見夥伴遙遠的呼喚
一聲接著一聲

那是野兔及赤腹松鼠
是灰頭鷦鶯與貓頭鷹
是珠頸斑鳩跟烏鶖
是小鸊鷉和竹雞
在我童年的夢裡

大地歌手

用一切的氣力　狂鳴吧
你這熾烈的小生命
樹林中的小小鳴蟲
凡是活生生的
都該
為一切的遭遇而舉杯
為能去愛一切而陶醉
唱吧　大地的歌手
生命的滋味
是如此豐富
也如此甜美
值得——
盡情品嚐
細細咀嚼

【夏日蝉鸣】

蝉声几乎可以说是炎夏的代表声，主要是因为大部分的蝉，都在夏天出现，鸣声响亮而又常成群齐鸣，以至于夏日几乎充斥着各种不同的蝉鸣声，有的如蒸汽火车头，有的如电锯，有的如口琴……台湾骚蝉的鸣声不但响亮，也有一种特别的频率与韵味，用武侠小说中的“魔音穿脑”来形容它的鸣声还颇为贴切有趣。

大部分的蝉都在白天鸣叫，像草蝉（左页图1）、熊蝉（左页图2）、寒蝉。也有只在黎明或黄昏才鸣叫的蝉，例如北埔蝉。蝉鸣主要是用来求偶，也就是要吸引雌蝉前来交尾，但不同的节奏变化也代表着不同的意义，如宣布领域、警告、攻击或受到惊吓。

蝉并非由鸣囊或擦翅、磨脚来发声，它在腹部的第一、二节内有鼓膜发音器，由发音肌敲击鼓膜而发声，再经由腹腔内的空间所形成的共鸣箱而产生嘹亮鸣声。发音肌的收缩速度很快，一般每秒约可达到170~480次，收缩越快，节奏也越快，收缩越强，表示敲击力越大，鸣声也越激昂。

【蝉的一生】

台湾有记录的蝉有59种，其中百分之六十五左右是台湾特有种，就土地面积的相对比例而言，台湾生物的多样性是非常的丰富与珍贵。

蝉的生活相当奇特神秘，通常母蝉会把卵产在树皮里，孵化后的若虫向树下移动，或直接掉落地面，然后钻进土壤里，以针刺状的口器吸食植物根中的汁液过活。

蝉的若虫待在土里的时间相当长，一般都在三年以上，像美国著名的十七年蝉，若虫待在土壤里生活的时间竟长达将近十七年。

若虫经过四至五次蜕皮后成为终龄若虫，这时它会爬出地面（图3），寻找适合的地方，如树干或枝叶上，或大叶片下进行羽化，从背部细缝破壳而出，此刻即为成语所形容的“金蝉脱壳”（图4）。羽化大约需要两个小时，刚羽化出来的蝉身体是白色的（图5），这个时候的蝉最为脆弱，易受天敌攻击，所以羽化通常都在晚上进行。

1

2

3

4

5

与蜻蜓斗智

小心 我來了
彩裳蜻蜓
你這空中的飛龍
小蟲的剋星
你將難以查覺
我正朝你悄悄前進
儘管你有轉來轉去的大眼睛
我卻是從你尾後的死角接近

你不用過分擔心
我只是被你的美麗吸引
這是一場遊戲
我的细心和耐性
挑戰你的機靈

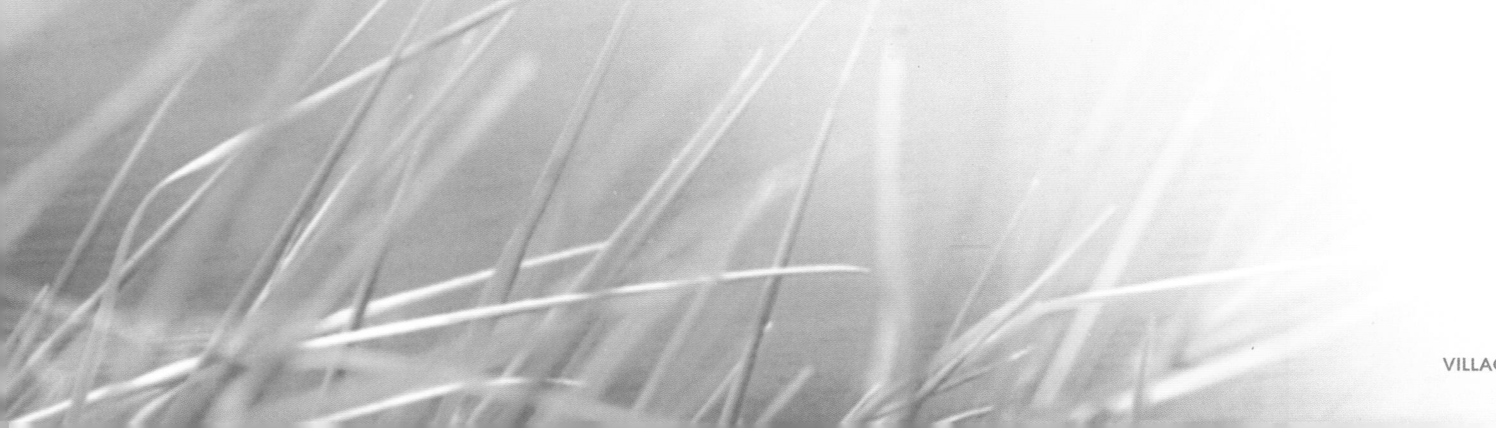

對你也許不公
正如被你捕捉的昆蟲
勝了沒有獎品
也沒有掌聲
輸了卻得遊街示童

【常见的蜻蜓】

彩裳蜻蜓有两对如蝴蝶般色彩花俏的翅膀，所以也有人称它为蝶翼蜓（图4）。分布在台湾全岛海拔200米以下的地区，大多出现在池塘、沼泽等静水而水草茂盛的地方，常停在挺水植物上守候，然后突然飞起拦截飞过的小昆虫。它的色彩在绿色的水草间显得分外醒目，也就更激起村童的野心。

红蜻蜓泛指红色的蜻蜓，其实红色的蜻蜓有好多种，例如猩红蜻蜓、艳红蜻蜓、紫红蜻蜓（图1）、褐基蜻蜓……但仍以猩红蜻蜓的红最为鲜艳也最常见，也就被村童认定为红蜻蜓的代表。

猩红蜻蜓分布在台湾中低海拔的平野地区（右页图），是台湾常见的蜻蜓之一，经常出现在沼泽、池塘、水田的突枝上，所以特别容易引起村童的觊觎，鲜红色的是雄蜓（图3），雌蜓则为黄色（图2）。

1

2

3

4

攀木蜥蜴

樹幹上出現一隻雄攀蜥
頸上的垂飾
鼓漲得有如海盜旗
這一招是用來挫挫敵人的銳氣
再不然
把伏地挺身的戰鬥舞
跳得又猛又急
往往就能嚇退來犯的情敵

這些都是裝腔作勢
村童全不在意
他們都知道
攀蜥的罩門在哪裡
誰要你有條過長的尾巴

正好讓我逮住你
突然牠順勢跳落地
轉眼逃到灌木叢裡

無端激惹虎頭蜂不是勇氣
徒手抓毒蛇是不自量力
村童在大自然中
學習著知彼知己

【攀木蜥蜴】

攀木蜥蜴是台湾野外常见的爬虫类动物，台湾共有五种攀蜥：斯文豪氏攀蜥（右页图）、黄口攀蜥（图1）、短肢攀蜥（图4）、牧氏攀蜥以及吕氏攀蜥（图2）。

斯文豪氏攀蜥最常见，分布于全台湾，而黄口攀蜥则分布在北部，短肢攀蜥则在中央山脉中海拔地区，牧氏攀蜥以及吕氏攀蜥分布区域较小，数量也少。

雄攀蜥有很强的领域性，若有敌人入侵，会立刻涨开下颚露出斑纹威吓（图3，黄口攀蜥），并快速地做出伏地挺身的动作来驱敌。如果对方依然不退，那么一场互咬的战斗就会展开。雌攀蜥虽然没有夸张的退敌动作，但受威胁时也不会马上逃走，反而张口吓敌，甚至主动攻击。

攀木蜥蜴以各种小昆虫为食物，但它们也是许多鸟类与蛇类的食物。所以当夜晚来临，它们会躲到较柔细的枝端或草茎过夜，一旦有敌人循枝或沿茎而来，枝条会晃动，它们总会惊醒并立刻跳落草丛，及时躲开敌人的猎捕。它的皮肤还可以随着环境的不同而改变体色，立刻融入环境之中而不易被敌人发现（图5）。

1

2

3

4

5

补锅！补锅！

白腹秧鸡之歌

安心地涉水漫遊去吧
我童年的玩伴
有我在這裡把風
誰也不敢對你怎樣
只要西北雨後的黃昏
用你許久不展的鳴聲
為村童唱一首他們最愛的兒歌
那反覆又淒涼的
「補鍋！補鍋！」
這是村童夢裡的鄉愁

補鍋！補鍋！
左鄰右舍鍋子破
不怪你也不怪我

七月的太陽啊
熱如火
日日夜夜聽你叫補鍋
叫到日頭西落
叫到夜雨滂沱

月桃花宴会

暮春的朝陽
是逐漸添柴的爐火
催促著所有含苞的花朵
草蟬是正噴氣的壺笛
用一個單調的長音符
宣告了大眾等待已久的好消息
如壽桃的花苞終於漲裂了
月桃花怦然綻放
亮麗的花燈高高掛起
釋放出盈盈香氣
宴會正式登場
賀客紛紛入席
花蜂逐桌敬酒
拂蝶一再舉杯回禮
金龜子是老饕

尺蛾最守規矩
這是初夏連串的饗宴
月桃舉行的世紀婚禮
賓客多得不勝數計
值得鋪張大開流水席
盛事將進行十天半個月
直到最後一盞花燈變綠
賓客方才醉著歸去

【与生活关系密切的月桃】

月桃在台湾地区分布甚广，从平野地区一直到低海拔山区都很容易见到它的芳踪。在中国大陆南方、马来西亚、琉球也都有分布。月桃与台湾早期的人民生活极为密切，月桃的叶子可以用来包裹肉片、豆腐、糕点等，茎在敲碎髓心后是最方便的野外绳索，用来捆绑薪柴、牧草。

入秋之后果皮转红（图5），表示种子成熟了，种子是一种很好的芳香健胃剂，是用来制造口味儿、仁丹、八卦丹的重要药材。每年秋天，村童会采集种子（图6），晒干后卖给来收购的药商，最后出口到日本制成仁丹。所以月桃种子是村童微薄零用钱的来源之一，所得不过几毛钱，但是可以买几支冰棒，这对村童来说可是一件大事啊！

春天时，茁长的月桃也成为村童所觊觎的对象，它的茎部上端有嫩茎、嫩叶及髓心，村童常剥而食之（图4），味微甘不苦不涩，可以略解馋饥。

月桃不但是村童喜爱的植物，在开花季节，也是各种昆虫争相吸食的蜜源植物，挵蝶（图1）、琉璃蛱蝶（图2）、花蜂与甲虫（图3）都是花朵上的常客。

4

1

2

5

3

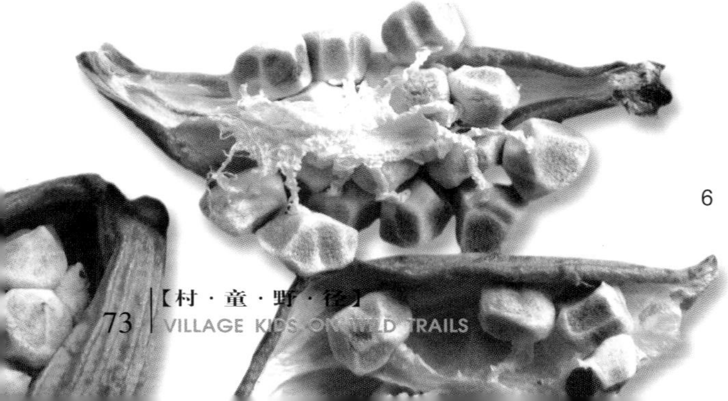
6

2

1

【月桃的花】

月桃的花苞颜色或形状都近似寿桃，而色泽又晶莹如玉，故又名“玉桃”（图3）。月桃花相当的美丽出色，是台湾重要的野花之一。除了月桃之外，台湾还有乌来月桃、岛田氏月桃、山月桃等。

乌来月桃分布在北部低海拔的山区（图4），三月就开花了，它的花穗向上挺伸，所以又称为“挺穗月桃”。它的果实圆而有刚毛，成熟时是黄色。

岛田氏月桃分布在中海拔山区，植株略小而花朵集中如火炬（图2），非常引人注目。

山月桃植株最小，而花朵也较稀疏小巧（图1），分布于中海拔山区。

4

3

炎夏
【夏之二·夏末时光】
VILLAGE KIDS ON WILD TRAILS

炎夏

【夏之二・夏末时光】

暑假過得似快又慢
全看是工作還是遊玩
只是農事總接二連三
割稻曬穀又插秧
除草澆水種花生
在村童心中
菜園是永遠喝不夠的水怪
野草是斬不盡的妖精
農忙是停不住的惡夢
是揮之不去的討厭蒼蠅
八月的向晚
村童都翹首等待著
一個瑰麗又詭異的黃昏

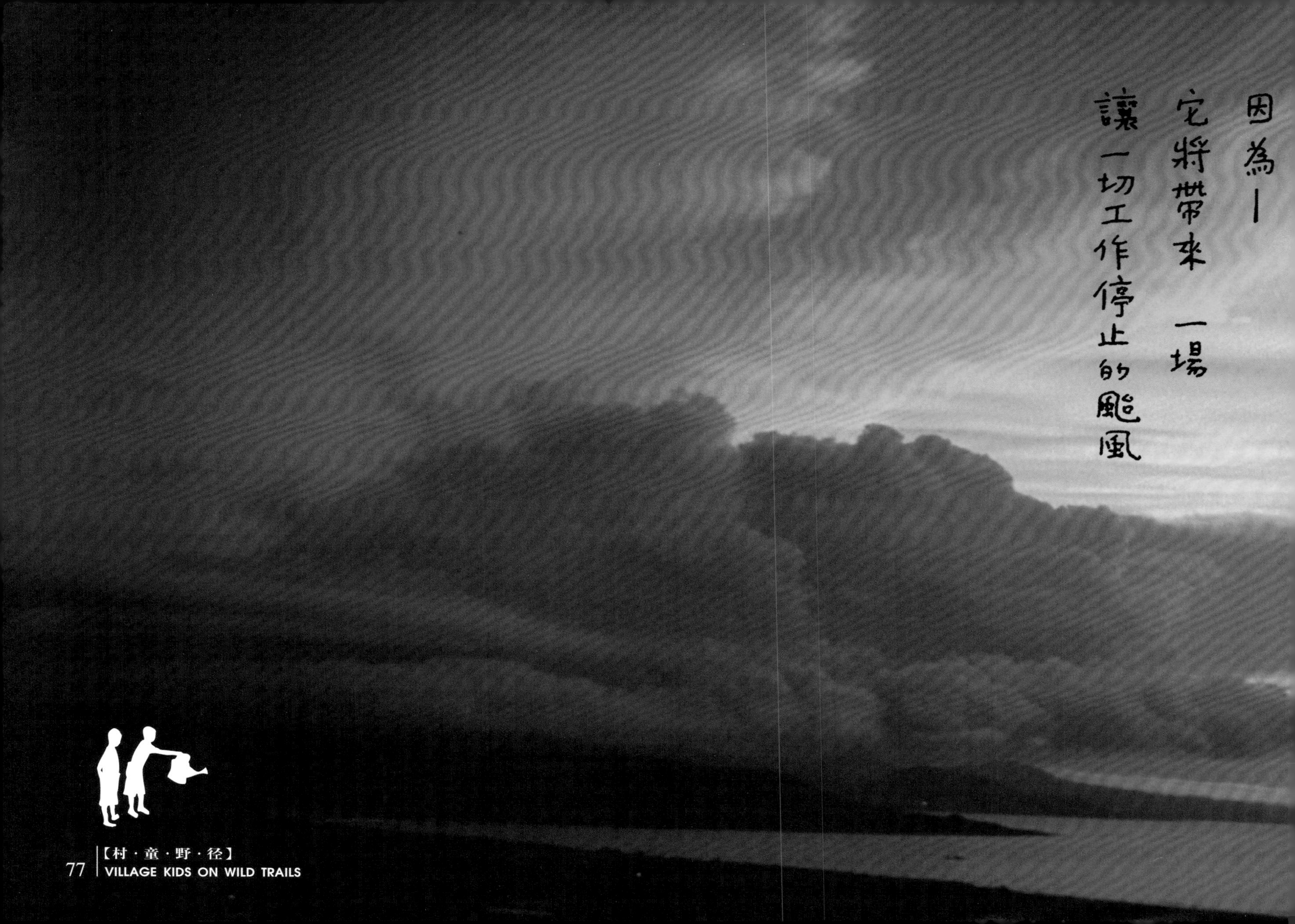

因為——
它將帶來 一場
讓一切工作停止的颱風

空中的野台戏

夏日午後的大雲山
神仙聚會的殿堂
你這空中的樓閣
醞釀雷雨及童話的故鄉
布幕緩緩拉開
大鼓嚨嚨作響
這是諸神的野台戲
只有村童懂得欣賞

野姜花

小溪邊整個夏季都開著野薑花
潔白如粉蝶
清香四溢原野
來浣衣的村姑
總會折一束放在籃裡
用花朵苞片做成的口笛
取代了草蟬的鳴聲
這是村童最簡便的樂器
現在
野薑花又開了
沒有姑娘來浣衣
口笛也不再響起
野薑花啊
突然顯得寂寞起來
就像那座空洞洞的村舍

少了村童此起彼落的笑聲
一下子就变得暮氣沉沉

【野姜花】

野姜花在植物学上的名字叫“穗花山奈”。怎么会有这么特殊的名字呢？原来这个名字是日本植物学者取的日本学名，台湾光复后，植物学者没有将它正名为本土化的名字，依然沿用这个名称。不过民间早就给了它许多本土的俗名：野姜花、白姜花、白蝴蝶花……这些名字都比较贴近它的外观及气味。

野姜花属于姜科，所以无论茎、叶、根都有姜的特殊香味。原产在喜马拉雅山系的低海拔山区，大约在公元1900年，或更早些就引进台湾，如今已普遍生长在台湾地区低海拔至平野的溪畔、沟渠或较湿的野地。它的花期很长，从初夏到深秋，花有特殊悦人的清香（图1、2），尤其在夏日，凉风夹着芳香阵阵袭来，是漫步山野间一种无上的享受。由于它颇受欢迎，也有花农将白色的野姜花改良成各色的园艺花种（图3、4），供一般民众在家中种植欣赏。

野姜花的花朵及嫩芽都是很好的野菜，无论是做汤或是热炒，或者在煮其他野菜时，放入少许作为香料，都美味得令人口齿留香。民间疗法上，用它晒干的根来治风寒感冒。

与蛇相遇

滿含露水的夏日早晨
村童列隊逸入林中
走過林間陰森的野徑
穿過椬梧簇生的灌叢
他們只想漫遊野地
像一群游獵的原始人

突然
前頭的孩子倏然駐足
「蛇！」
驚懼的表情就此僵住
一條手臂粗的灰蛇
曲盤在樹影斑駁的地面
牠似乎知道是孩子
也不急急逃走

彼此就這樣靜靜相視
這是難得的邂逅
「臭青公?!」
「過山刀?!」
「錦蛇?!」
新的相遇即將成為吹牛的材料
多少蛇的故事在夏夜被訴說
多少誤解在鄉間流傳
是的
蛇使野地有了傳奇
也讓童年多了刺激

【台湾的蛇】

台湾陆地上的蛇共有45种，其中有6种是毒蛇，会危及人类的生命或造成严重伤害，另有2种具有微毒，其余则是无毒之蛇，对人没有伤害。只是一般乡下人对于蛇的了解非常少，总是以讹传讹，再加上卖蛇药的江湖郎中的绘声绘色，导致民间对蛇充满了误解与偏见。

蛇是肉食主义者，有的蛇嗜食小鸟、老鼠，有的爱吃青蛙、蜥蜴，有的专吃各种蛋，有的只吃蚯蚓，有的主食蜗牛、蛞蝓，最特别的是爱吃同类的蛇，像本土的雨伞节、美洲的王蛇、东南亚的金刚眼镜蛇也都因专门捕食他种蛇类而闻名于世。

台湾的大型蛇以锦蛇（图3）、南蛇（图1）、过山刀（右页图）、臭青公（图2与85页图）较为常见，它们都属于无毒的蛇类。锦蛇大的可以长到两米多，身体呈橄榄黄，前段背部有黑色的菱形斑，后段背部有两条明显的黄色纵条纹，以田鼠、鸟类为食。过山刀身长可以超过两米，身体细长有力，行动迅速，背脊隆起如刀锋状，故被民间称为过山刀。臭青公，也叫做臭青母，食性很广，以鼠类、鸟类、鸟蛋为主食，也会吃蜥蜴，甚至他种的蛇类。它常常侵入农舍偷食鸡蛋，因与人类有利益冲突而被捕捉或打死。当它在危急时，肛门会喷出强烈恶臭的液体，让敌人不堪其臭而放弃，借此逃过一劫，这也是它的名字有个“臭”字的原因。

1

2

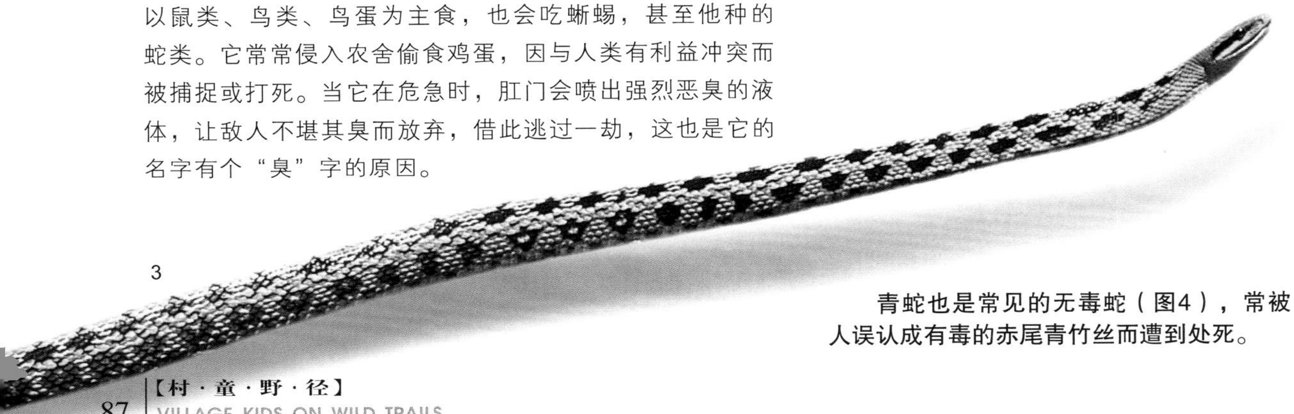
3

4

青蛇也是常见的无毒蛇（图4），常被人误认成有毒的赤尾青竹丝而遭到处死。 ▶

水神之花

台湾萍蓬草

炙熱的夏日艷陽
烤裂了萍蓬草緊裹的花苞
綻開了黃金打造的花瓣
露出豆蔻嵌飾的紅心
散發椰子粉的芳香
這天造地設的水神之花
讓那些凝視它的眼睛
射出燦爛的眼神
讓那讚頌它的歌聲
悅耳動人
多少次
我撩過深深難拔的泥淖
涉過水草橫生的野池
只為
一親芳澤

【台湾萍蓬草】

台湾特有种的台湾萍蓬草，是最珍贵的本土水生植物。世界各地区的水生植物很少有特有种，很多种类都在候鸟迁徙时，种子被鸟羽夹带或存留在肠胃中，随着飞鸟的携来带去，散播于世界各地，因此特有种是弥足珍贵的。

萍蓬草属于睡莲科，是一种浮叶水生植物，全世界约有25种，其中24种都分布在北温带，只有台湾萍蓬草生长在亚热带的台湾，它是萍蓬草中唯一花心为鲜红色者（右页图），被许多园艺家公认最美丽的萍蓬草。

萍蓬草在花谢后会结出陶罐状的果实（图2）。种子成熟时，果皮裂开而散出种子，种子外包一层白色薄膜，让种子可以随水漂走（图3），不久白膜裂开（图4），种子沉入水底发芽而生长成一株幼苗。

台湾萍蓬草分布在新竹、桃园的池塘里，特别是桃园台地上，先人为了灌溉而挖造了很多的埤塘。两三百年来，这些埤塘成了生态非常丰富的地方，台湾萍蓬草就是生长在这些埤塘中。全年都可以见到它开花，但夏季是它的盛开期，此时朵朵金花点缀埤塘（图1），呈现了别致的美景。如今，农业没落，埤塘荒废淤积，或填平出售作为建地、工厂，栖息地的消失，也就使台湾萍蓬草日渐稀少，成为稀有的植物。

荒野保护协会就以台湾稀有种的台湾萍蓬草花朵作为标志，希望透过荒野保护协会的努力，台湾萍蓬草能再处处笑靥迎人，也期待台湾这个美丽之岛能在21世纪再次地大放异彩。

夏末虫声

寂靜的夏夜草叢
倏然蟲聲四起
追捕流螢的賽事
已不再有夏初的吸引力
用耳朵來偵獵
成了村童新的夜晚遊戲

是誰躲在草叢嘶鳴
甚麼事這樣整夜唱不停
有的淒清
有的激憤
有的熱情

老祖父神秘地說
這是死去的村人
靈魂附在蟲身
他們不能見光
也害怕寒冷
只有在溫暖的夜晚
藉著無知的鳴蟲
回來訴說陰間的種種

老祖父又說
鬼魂
也不斷提醒村童
要把握光陰及時用功
只有讀書方能脫困離窮

【鸣虫一族】

昆虫中可以发出声音的并不多，因为必须具备发声器才能发得出声响。蝉，是鸣虫中最有名的歌手，它不但有发音板，还有共鸣箱，所以能发出响亮鸣声。

雄螽斯用两翅基部间的平行弹器及弦器互相摩擦来发出声响（图1），以吸引雌虫。它的鸣声既复杂又大声，听起来好像古代妇女运用木造的纺织机织布时所发出的一连串碰触及摩擦的声音，所以螽斯又被称为“纺织娘”。台湾有一种螽斯名叫骚斯，它的鸣声如其名，简直到了刺耳的程度，如果两三只同时鸣叫，就好像一座正在运转的工厂。螽斯的英文名字叫KATYDID，就是以它所发出的声音来命名，仔细听螽斯的鸣声节奏，正好就是KA–TY–DID（卡—梯—地）。

蟋蟀发出的鸣声就优美得多，听起来颇有诗意，有的带着忧伤，有的又轻快，有的听来寂寞。它会利用前翅上的弹器及弦器互相摩擦而发声（右页图）。有几种小蟋蟀是躲在地穴里鸣叫（图2），被很多人误以为是蚯蚓在鸣叫，这是一场误会，其实蚯蚓没有发声器，基本上是不可能发出鸣声的！

蝗虫使用前翅的弹器与后足腿节上的一排突起互相摩擦而发出声音（图3），它的鸣声听起来较细也较压抑。此外，有好几种甲虫，例如天牛、粪金龟等，会运用颈部上方和前胸背板的交叠处相互摩擦来发出简单的声音。

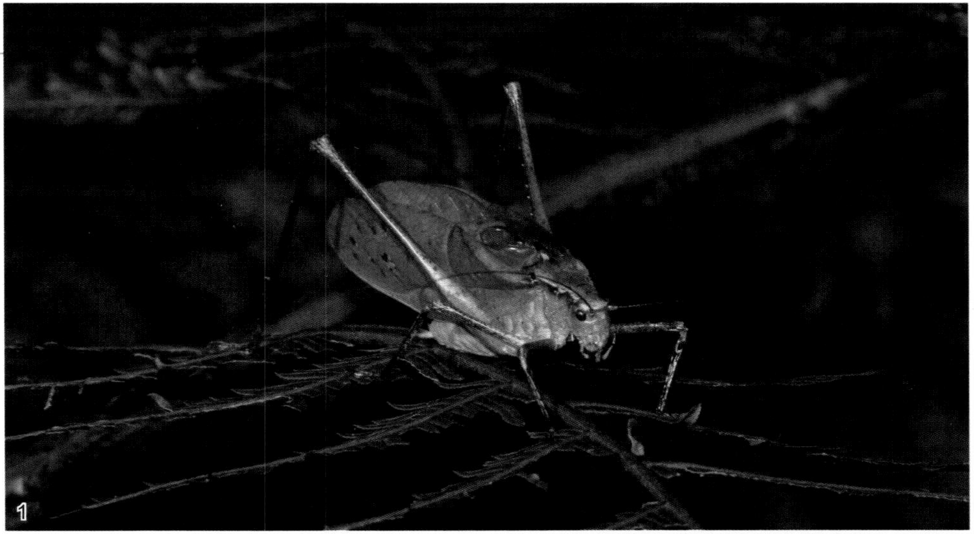
1

2

3

大蛤蟆的挑衅

最大的一隻蛤蟆
總躲在田野最深的角落
每個村童都說
曾逮住牠又被逃脫
但 事實上
真正接觸過的不多
那是孩子仲夏的美夢
是孩子愛吹噓的老傳說
每屆夜深人靜
那低沈的鳴聲
那有力的掙扎
挑釁著村童
是孩子心中的痛

總讓他們自夢中驚醒
那悠悠自得的鳴聲
变成了令人難以釋懷的嘲諷

【被捕捉食用的蛙】

台湾共有31种蛙类，除了蟾蜍以外，虎皮蛙、金线蛙、贡德氏蛙及斯文豪氏蛙都属于体型较大的本土蛙类。后来有人因饮食需求而引进美国牛蛙（图4）饲养，但被它逃入野外，现在也出现在湿地池塘。大块头的它，喜欢捕食个头比它小的蛙类，严重危害了本土蛙类的生存。

虎皮蛙（图3）、金线蛙（图2）及贡德氏蛙都属于赤蛙科，因为体型较大，目标明显，所以它们与村童的关系就变得非常微妙。虎皮蛙的体型最大，也最常被捕捉食用，早期甚至有专门捕捉它的人。虎皮蛙的肉质近白色，很像鸡肉，所以有“田鸡”、“水鸡”的别称，大陆华南地区以及客家人称它为“蛤蟆”。

常藏身于水田之中的虎皮蛙（图1），肌肉结实有力，被捕捉时常常能挣脱，所以徒手捉蛤蟆对村童是极大的挑战与刺激。成功的机会不多，因此更能激发村童们的斗志，并在彼此间形成特殊的友情，而这种友情也是他们成年后难以忘怀的童年经验与记忆。

1

3

4

2

【本土的大型蛙类】

金线蛙（图1）的体型略小于虎皮蛙，数量也少，出没在溪边，生性非常机警，稍有风吹草动就一跃而潜入水底。金线蛙体色美丽且不易捕捉，所以极少被人捕食，村童捕获它后总是观察一番，向人炫耀一下就将它释放回野外。

贡德氏蛙（图4）的鸣声有如小狗吠叫，不知者常为它所骗。它的体型与金线蛙相当，多出现在池塘沼泽里。

斯文豪氏赤蛙（图3、98页图）只出现在山区溪水清澈的地方，村童很少见过它，倒是山地原住民会捕它来食用，它的体型与虎皮蛙相近。因为活动于溪石上，脚趾演化出吸盘，所以可以沿着垂直甚至滑溜的岩壁活动。

雌的褐树蛙（图2）体型也相当的大，在本土树蛙中算是最大型的一种。它常栖身于树上，只有繁殖期才会回到水边。

1

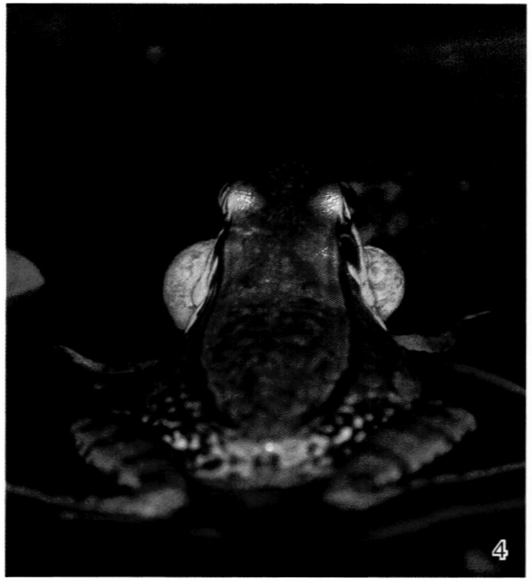
4

3

2

立秋
【秋之一・秋日风情】
VILLAGE KIDS ON WILD TRAILS

立秋

【秋之一·秋日风情】

九月的氣温
延續著八月的餘威
只是吹過平疇綠野的風
與往常有些不同
那是假日將逝的氣氛

村童正歡慶農閒來臨
卻又悲愁暑假已盡
剛為空白的作業挨了老師打
轉頭已為假期發生的事喋喋不休
一如窗外樹上的騷蟬

只有那頭大黃狗
變得分外沈默

滿含著幽怨與期待
守在通往學校的路口
牠不明白
為甚麼不能像往常那樣
跟著頑童到處走

镰刀手螳螂

別這樣盯著我
你這小蟲眼中的惡魔
外太空來的鐮刀手
埋伏在枝葉叢間的刺客

別這樣瞪著我
沒有人要將你捕捉
我不是紫嘯鶇
對你沒胃口

這就是生活
一齣又一齣的愛恨情仇
這是大自然的連續劇
沒有所謂的對與錯
大家都忠實地照著劇本
盡職地演好自己的角色

但是
人類出場後
越演越過火
隨時都搶著鏡頭
逸出了劇本
錯置了場所
原本是一齣喜劇
現在变成鬧劇
也許啊！最後
变成悲劇中的悲劇
一齣沒有觀眾的戲

【螳　螂】

螳螂是分布很广的猎食性昆虫，有特化成镰刀状般适于擒挟猎物的前肢，还有可以灵活转动的颈部；其前方的双眼有真实的视觉，可以准确测量猎物的距离。

特化的前肢可以极快速地伸展捕捉猎物（图1），所费时间不超过十分之一秒。为了降低猎物的警觉性，螳螂都有很好的保护色，尤以绿色为主，褐色、枯叶色也不少，有些会模拟绿色或枯破的叶片，或干褐的卷叶，让猎物完全失去警觉。

螳螂的伪装技巧，更是令人啧啧称奇，像生长在热带地区知名的花螳螂，不止身体演化成花朵状，连颜色也与花相当，可以说是一朵会移动的花儿。不过，它保命的特殊伪装却使得爱虫人士争相搜集，导致数种花螳螂濒临绝种，这是造物者万万料想不到的。另外有一种椎头螳螂，它的特征是头部有长长的特化突起（图2），造型犹如科幻电影里的外星人，十分特殊。

雄螳螂一般都比雌螳螂小，有些饥饿或营养不良的雌螳螂，会在交尾进行当中吃掉雄螳螂的头，等交尾结束再把余下的身体吃掉。这种情景让人看了实在不忍，但对于雄螳螂来说，它已经完成生命中最重要的使命——传宗接代，所以它的牺牲也是值得的。

雌螳螂可以产下数十至数百枚卵，卵产在纸质或泡沫状的螵蛸中（图3）。螵蛸是雌螳螂在产卵前由腹部的腺体所分泌的一种发泡物质，雌螳螂将其黏附在树枝上，包覆着螳螂卵，让它的后代不受外力侵扰顺利孵化。

2

3

1

村童的宠物

盖斑斗鱼

村童總會豢養一些小寵物
各自有喜歡的名目
斑鳩蟋蟀和天牛
烏龜筍蛣或蝌蚪
斑斕的蓋斑鬥魚
每個童子都想擁有
可輕易捕獲
也容易存活
一個廣口玻璃罐
就能吸引大夥
有時讓兩條同處
用無患子下注
大家一起喝彩加油
賭哪一條勝出
勝利的鬥魚
有蒼蠅大餐獎勵

輸的一方
悄悄放回溪裡

村童与伯劳鸟

悄悄话之一

村童：

伯勞鳥啊
你來自何方
為甚麼要離開故鄉
你是不是跟我們一樣
只是逃學
逃離課業和農忙
我們好想跟你去流浪
去尋找孩子的天堂
那裡啊
上課聽故事
下課打球吃冰棒
從來不考試
老師不打人
一週上課僅兩天

暑假四個月長
還有啊
沒有課業
更沒有農忙

村童与伯劳鸟

悄悄话之二

伯勞鳥：

我們沒有農事和功課

但是啊

從小到大卻常挨餓

每家孩子一大群

僅僅活下一二個

為了活下去

只好辛苦地千里跋涉

不用苦苦尋找天堂

天堂也不在遠方

只要拋棄偏見

轉換看待事物的視角

你將發現

這裡就是天堂樂園

【红尾伯劳、棕背伯劳】

每年八月底九月初开始，红尾伯劳（图1）纷纷飞抵台湾，它们来自西伯利亚、蒙古、中国大陆的东北华北以及韩国、日本。它们大约在台湾岛停留一至两个月，然后逐渐往南移动至恒春半岛，最后出海飞往南洋热带地区避寒。

到了次年的春天四月前后开始北返，这时有部分红尾伯劳仍然会经过台湾，这时它们只做短暂停留，大约一至两周，就飞回北方去繁殖。不过，我们也发现南飞过境台湾时，也有少数留在台湾过冬，通常都在恒春半岛或满州乡。

红尾伯劳是一种肉食性的鸟类，以昆虫为主食，蚱蜢、毛毛虫、蟋蟀、甲虫是它们最常捕食的，而蜥蜴、小巢鼠也是它们喜爱的菜单。所以它们最常站在平野地区突出的物体上（右页图），静静地注视着地面，只要猎物出现或移动，它立刻冲下捕捉。因此，以前恒春半岛的人会利用伯劳爱站在突出物上的习性，以竹枝设立“鸟仔踏”陷阱（图3）捕捉它们来烤食。这是当年人们补充蛋白质的一种方法，现在台湾生态教育普及，已经很少再发生这种事。红尾伯劳会把吃剩的猎物尸体，穿刺在树枝或夹缝间储存（图4），这是伯劳科鸟类很特殊的习性。

棕背伯劳是台湾的留鸟（图2），栖息于台湾平野地区，它善于模仿其他鸟类、动物甚至人类的声音，因此有人用“伯劳鸟”来形容多嘴之人。

1

2

3

4

撈蚌

新菜尚未登場
農人閒來紛紛下水塘
撈蚌又摸蜆
正好豐富單調的菜色
這就是農家的生活
日子大多過得辛苦
偶爾有些趣樂

村童對此並不熱衷
這是女人的餘興
阿公的運動
彼此使個眼色
悄悄藉著水遁
孩子需要一點驚喜
或來些刺激

黃鱔白鰻或烏鰡
最好是大鯰魚
讓明天到校有些新話題

他們也不會錯過
潛到水塘最深處
那裡躲著最大的老蚌
不只肥美多汁
還可能蘊藏著
夢幻般的珍珠

七彩云

躺著看天空
臥著望白雲飄動
季節的轉換
觸動了躲在稻草堆間的村童
甚麼事都不想做
只呆呆地凝視藍天出神
想象自己化成一片浮雲
白色的
青色的
黃色的
更好是茄紅的
如果可能
那就七種顏色的彩雲
一片不受拘束的彩虹雲

【多变的云彩】

湿气上升，在空中遭遇低温就会凝结成极小的水滴，众多的小水滴聚集时就成为云，所以云就是众多的小水滴的合成。如果小水滴更多更密集，就聚成较大的水滴，产生重量而坠落，这就是下雨了。

如果云发生在靠近地面的地方就叫做雾（图2），所以云雾其实是一样的东西。下次如果你遇见雾，仔细看看，是不是有无数的极小水滴在移动？

决定云的颜色是照到云的光，所以当红日西下时，云彩呈现红色（右页图），落日后的余晖就让云变成紫红或暗红（图1）。

当太阳光照射进云的水滴，呈现两次折射时，如果你刚好是位于太阳与云之间成一直线，而视角又小于45度时，你就会看见彩虹出现在云间（图3）。这时的云就像三棱镜，把太阳光分析开来，而呈现它的七种本色，也就是红、橙、黄、绿、蓝、靛、紫，由此也可以知道太阳光事实上是由这七种颜色的光线所组成。我们要看见彩虹不太容易，既要有云雨又要有太阳，而角度又要恰好，所以彩虹要不是出现在东边就是在西边，因为只有此时，人才能位于云与太阳的中间，所以当出现“东边日出西边雨，道是无晴却有晴”之时，就有机会见到彩虹。

当高空的云遇见极端的低温时，小水滴可能被冻成冰晶。这时如果太阳刚好照射到它，经过三次折射才穿透冰晶云时，就有机会呈现七彩的云。它通常是与太阳同一方向，在高山上发生这种现象的概率比低海拔地区高。

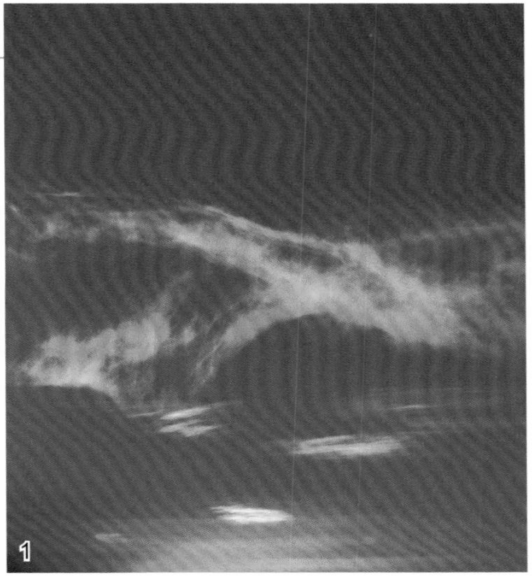

1

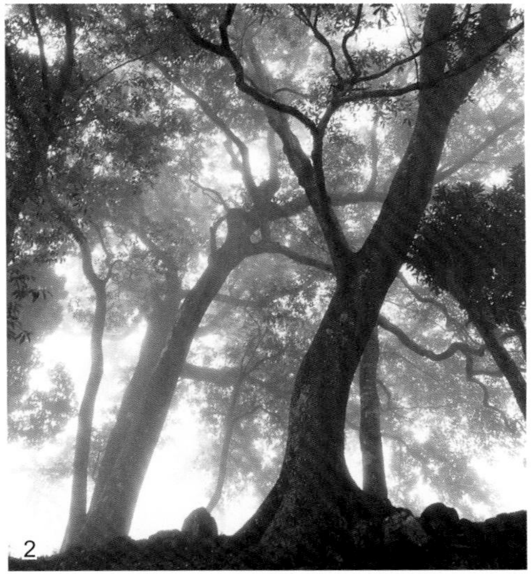

2

3

蜻蜓与泪水

紅蜻蜓不見了
杜松蜻蜓消失了
田野上群飛著薄翅黃蜓
透明的薄翼閃閃發亮
反鑑著秋日的最後斜陽

村童們哭了
在通往山上的村路尾
金色的淚珠兒
像驟雨乍歇後的屋簷滴水
一滴一滴
分明地直直下墜

他們失去了好伙伴
那個最會抓紅蜻蜓的阿萬
他被裝入木箱裡抬走了
經過他往常放牛的小山崁

杜松蜻蜓消失了
紅蜻蜓亦已不見
但是，明年
當草蟬鳴起
牠們又會出現
只是，失去了阿萬
又有誰會在意
是甚麼顏色的蜻蜓
更不會留意草蟬的鳴聲響起

3

1

【薄翅蜻蜓与杜松蜻蜓】

在这本书里，有多首童谣都提到蜻蜓，有彩裳蜻蜓、红蜻蜓、杜松蜻蜓以及薄翅蜻蜓。村童跟蜻蜓的关系非常特殊，总被它的美丽吸引，又被它的机警挑衅，也就发展出一种爱惜又牙痒的情结。

薄翅蜻蜓（图2）分布很广，从平野到海拔三千米都可以看见它。平常是零星出现（图1），但到了夏末开始聚集，入秋后，则常成群飞翔于空中，场面十分壮观。

杜松蜻蜓也是台湾常见的蜻蜓，警觉性较低且非常贪吃（图3），体色并不突出，所以无法引起村童追逐捕捉的兴趣。但当村童抓不到其他种美丽的蜻蜓时，杜松蜻蜓就成了替代的牺牲品。

2

晚秋
【秋之二 秋之絮语】
VILLAGE KIDS ON WILD TRAILS

晚秋

【秋之二・秋之絮语】

僅僅幾日不見
寬闊的河床就改了容顏
原本綠色的溪埔
開滿了雪白的芒花片片
這是大地放牧的羊群
迎著陣陣初涼的秋風
在起伏的浪花裡
尋覓著仲夏的綠草芳蹤

十月
是一個洩密者
悄悄透露動物的行程
讓村童得以調適心情
也可以修補蟹籠

是的 毛蟹肥了
正蠢蠢欲動

【常见的禾本科植物】

五节芒、甜根子草、芦苇这三种植物，都是常见的大型禾本科植物，乍看外观都有些相似，很多人皆错以“芦苇”称之，主要是因为在文学上无论是散文或诗，芦苇是常出现的字眼。它们虽然相像，但仔细观察，三者之间仍颇有差异。

通常我们会注意到它们，大多是开花或结子时，它们都是从茎顶抽出圆锥状花穗，以甜根子草最为雪白亮丽（右页图），五节芒呈灰白到紫红（图1、2），芦苇则呈现褐色或褐灰色（图3、4）。生长的环境也不同，例如芦苇偏好生长在稍有盐分的环境中，所以沿海的沼泽、河口湿地常可看到。

甜根子草则是低海拔干河床上的优势族群，台湾的几条大溪流，如兰阳溪、头前溪、大安溪、浊水溪、曾文溪和高屏溪等的河床上皆有大片的甜根子草，入秋开花时，形成蔚为壮观的花海。种子飘散后的花穗可以用来制扫把，春夏茎叶尚未老熟时，村人也割取作为喂牛之用。

五节芒生长能力极强，山溪野地到处可见，它的根会分泌一种类似杀草剂的物质，以阻止其他植物来抢地盘。早期台湾人用它的茎叶编成大片状，做屋顶、篱笆、墙壁。新萌发的芽可食，称为芒笋，是阿美族人的美食之一，现在东部的菜市场也可以买到。

1

2

3

4

再会了，彩蝶

你要飛到哪裡去啊
你這垂垂老矣的蝴蝶
生命的風華漸漸褪去
就像那悄然變色的秋葉
等待一陣更強的西風
好將場景更迭

想起仲夏冇骨消盛開的花上
你像從天飛降的仙女
隨著激昂的蟬聲翩翩起舞
那令人驚艷的霓裳舞姿
美得令頑童縮手
令大家全都如醉如痴

生命是一個歷程
盡管悲歡起伏

最精彩的戲碼已過
就讓它在掌聲中落幕
生命不是一個平均數
全看它曾綻放的光度
再會了　彩蝶
村童永遠會記住
那最輝煌的一幕
你在野花上輕盈飛舞

【彩　蝶】

当我们看着怪模怪样的蠕动毛毛虫（图1），是无法想象有一天它会羽化成一只艳丽、飞姿翩翩的彩蝶（右页图，红纹凤蝶）。生命既不可思议，也令人敬畏。每个生命都是一个神迹，所以我们都同意，宇宙间最伟大的奇迹就是生命。台湾地区的蝴蝶约有400种，就土地面积比例来看，数量也相当可观，所以有“蝴蝶王国”的美誉。可惜近几十年来由于人为开发得太快、太广又缺乏生态观念，导致许多种闻名于世的美丽蝴蝶，要靠人工复育及强制保护才免于绝种，像兰屿的珠光凤蝶就是一个例子（图2）。

台湾紫斑蝶聚集过冬的现象，也受到全世界的瞩目。每年深秋天气渐渐寒冷，台湾的紫斑蝶开始往南飞，最后聚集在几个中央山脉南段低海拔的山谷森林里过冬（图3）。这些山谷往往聚集了几十万甚至百万只紫斑蝶，这是仅次于北美的帝王斑蝶每年飞行数千公里到墨西哥中部高地的山谷森林过冬的壮观景象。2001年，有人在台东县与屏东县交界的寿卡，发现了日本研究学者在福冈标记的斑蝶。据推算，从日本到台湾，它至少飞行了超过两千公里，这种超能力真令人吃惊，也让人不得不佩服它的耐力。

蝴蝶也是传播花粉的重要昆虫之一，众多的花朵都以花蜜来吸引蝴蝶前往吸食，如此可以经由蝴蝶携带的异株花粉让这朵花授粉，同时也把自己的花粉附在蝴蝶身上，带到别朵花上。所以我们若要欣赏蝴蝶，只需守候在蝴蝶最喜欢的花朵附近。不过各种蝴蝶对于食草各有所好，要了解其中的奥妙，我们可以长时间观察，或向有经验的人请教，探询更多蝶类的知识。

1

2

3

老蟾蜍

沒有一種非豢養的生命
像牠那樣在家屋裡任意跳動
沒有一種野生動物
受到家人如此縱容
不卑躬屈膝
也不會受寵若驚
說不上喜歡
也談不上厭惡
牠是自命不凡的蟾蜍

除了村童
沒有人知道牠住在何處
也不知牠有多少族數
有時伏在床鋪下
有時躲在角落的小洞窟

雖然隨遇而安
却堅持不吃素
沒有厲害的武器
也不是龐然大物
牠是我行我素的老蟾蜍

【其貌不扬的蟾蜍】

蟾蜍的身体布满疣突，好像得了癞病（麻风病），看起来令人不舒服，所以又被称为“癞蛤蟆”。当它受到惊吓时，会吸气鼓胀全身让身体变大，特别是下颌会特别鼓胀。因此，老人家都警告孩子们不要接近或逗弄蟾蜍，如果被鼓气的癞蛤蟆吐到气，那么你的脖子就会鼓胀，然后又拿出那些脖子变得很大的人来作为例子。但事实上，这些大脖子病是因为缺乏“碘”而患的甲状腺肥肿，跟蟾蜍完全没有关系。乡下人一方面觉得蟾蜍皮肤丑得可怕，一方面它又是出没在屋里或院子，帮忙吃苍蝇蚊子及其他小虫的有益动物，为了让它免于被顽皮的村童欺侮虐待，所以才用这种恐吓的方法。蟾蜍的眼睛后面有一丘突，这是会分泌毒液的蟾蜍腺，所分泌的白色液体，动物或人吃了以后心脏会加速跳动，最后衰竭而死。因此，医学上用它来制造治疗心脏疾病的药品。

台湾的蟾蜍一共有两种：一种名叫黑眶蟾蜍（右页图，它的头部从吻端、上眼睑到前肢基部及上下唇都长有黑色隆起棱，因而得名）；另一种名叫盘古蟾蜍（135页图）。有趣的是，雄黑眶蟾蜍繁殖期常整夜鸣叫，吸引雌蟾蜍前来（图1，黑眶蟾蜍假交配），而盘古蟾蜍则不会鸣叫。盘古蟾蜍在繁殖期因争夺配偶，雄蛙常数只挤抱扭打成一团在水中载浮载沉（图3）。

蟾蜍的卵成链条状，色泽深黑，十分容易辨识（图2）。现在市面上有饮料业者将山粉圆饮品取名为“青蛙下蛋”，是不是很传神呢？

1

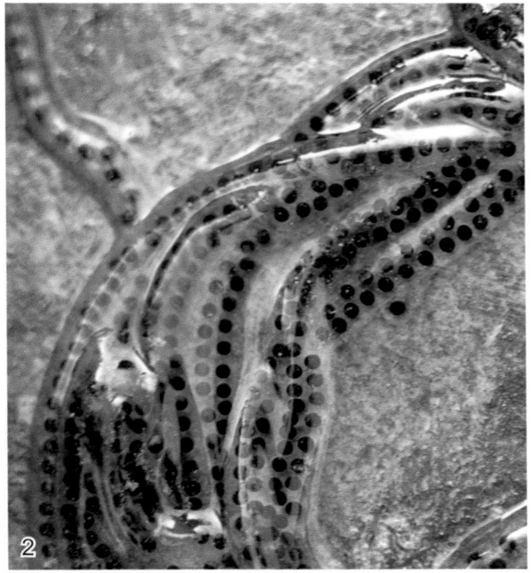
2

3

秘密花园

村童各自有幾處秘密花園
只要悄悄躲了進去
沒有人會被發現

我是擁有三窟的狡兔
一處在小溪邊的灌叢中
那裡離野菝樂樹只有幾步
一處在小山谷
那裡金銀花覆蓋如花屋
附近山坡長著大片懸鉤子
想起就令童子們飢腸轆轆
一處就在山腳的雀榕樹
夏天常有眾多可口的榕子
還可以窺見阿龍的洞窟
依著季節
循著當時的心情

決定前往的地點
那裡曾流下簌簌的淚水
迴盪過童稚的笑語和歌聲
也埋藏著小小的戀情
更深植了童年的根

【村童的零嘴】

台湾地区共有44种悬钩子，顾名思义，表示它们大多有刺。其中数种的果实算得上是美味的野果，村童们都会争相采而食之（图4），因此每个人都各有自己的秘密地点（图2），如此才不会被别人捷足先登。

刺莓又名台湾悬钩子（图3），是台湾低海拔及平野地区分布最广，也最多的一种悬钩子，是村童采食的重要零食。果实成熟时呈鲜红到深红，村童们最觊觎的是向阳的果子，因为通常在阳光充足的地区所结的刺莓果特别甜。在高海拔的山上，玉山悬钩子是最常见的一种野果，它的果实为橘红色，味美而酸甜适口，登山健行的人也常采而食之。

雀榕又称鸟榕、赤榕、山榕、鸟屎榕，是台湾低海拔及平野地区非常易见的榕树之一，一年会落叶一至两次。当新叶初长尚呈嫩绿时（图5），是一种很好的野菜，也可以做色拉生食。童年时，我们采嫩叶或新芽的苞片作为解馋之食品，中南半岛的菜市场也将它作为蔬菜出售。雀榕的果实在接近成熟时，渐渐变成淡绿至淡黄，最后成熟时则呈淡红或紫红色（图1）。榕果从淡绿色开始就可以生食，也是村童采食的野果之一。

1

2

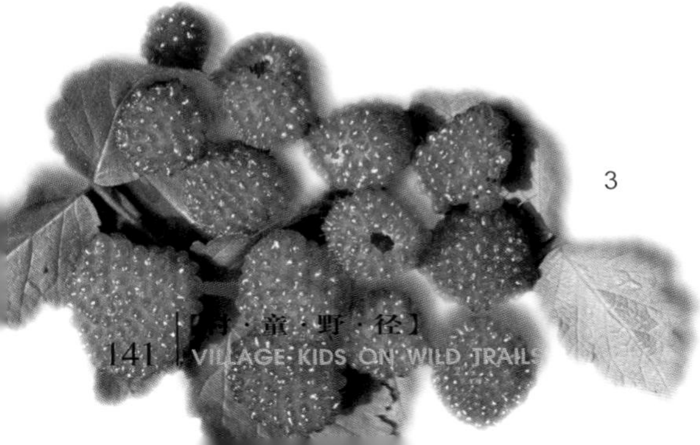
3

4

5

寂寞的相思树

筆直的地平線
分明地橫過田野西邊
幾棵寂寞的相思樹
剪影在初涼的秋天

倦鳥已歸
田野工作的大人未回
飢餓啊
比老師的板子更令人難受
遠處村舍的炊烟
是痛苦的誘惑
媽媽啊
我早已備好煮飯的柴火
寂靜的秋日田野
飢餓炊烟的黃昏

是村童悲欣的鄉愁
那裡呀
總有伙伴呼喚的回聲

【相思树与木炭】

相思树是台湾分布最广、数量最多的树木，低海拔山区、丘陵有许多纯林，也是过去台湾低海拔造林的主要树种之一（右页图）。它生长迅速，少病虫害而又耐贫瘠、耐酸性的土壤。它的根有根瘤菌，可以自制氮肥，即使在酸性很强又贫瘠的红土丘陵地也能生长良好。

相思树的材质强韧又结实，但因为树干不直又多分枝，造成加工不易，故不适宜作为家具等用途，但却是做铁路枕木以及矿坑支柱的最佳木材，同时它也非常适于烧制木炭，作为薪炭不但温度高也耐烧。

过去台湾公务员还配给相思树木炭，作为炊饭之柴火，都市人也购买此种木炭作为薪柴。所以全省低海拔山区都有烧制木炭的炭窑（图1、2），甚至也用来当做地名，例如新竹县芎林乡华龙村有个名叫“烧炭窝”的地方，当地有心人士还成立了烧炭窝文化协会来发扬社区文化呢！

1

2

【相思树的花与种子】

相思树在春天开花，台湾南部在三月下旬，中部在四月中下旬，北部则在四月下旬至五月上旬。它的花为金黄色的小棉球状（图1），盛开时往往一树金黄（144页图），不但美丽也颇为壮观，并带有一股淡淡微甜的香气，在温暖的南风吹送下，令人心旷神怡。

相思树的种子称为相思子（图2），有些人以为就是著名的相思豆，那是一种误解。相思豆是孔雀树所结的种子，所以又名孔雀豆（图3），主要产于亚洲的热带地区，日本人曾将它引入恒春半岛，但数量不多。

鸡母珠的种子红黑相间（图4），也常被误认为相思豆，可别被它美丽的外表所骗，它可是有毒的喔！

1

4

3

2
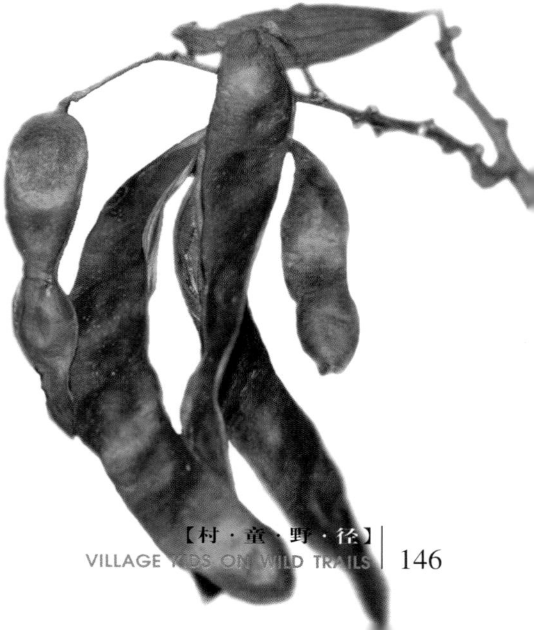

立冬

【冬之一・冬藏时节】

VILLAGE KIDS ON WILD TRAILS

立冬

【冬之一・冬藏时节】

季風一天比一天冷涼
也一陣比一陣強
不斷在轉黃的稻田上
弄出一波追一波的稻浪
等待偶爾來賣藥的江湖藝人
在土地廟前打拳賣藝耍把戲
或者演一齣逗趣的鬧劇
或拚一場山歌對唱
是農閒期間村童最大的盼望
穿村走舍的小販
收起冰桶改售麥芽糖
傳達冰棒來到的串串鈴聲
換成竹片轉動彈打空鐵罐的音響

告知村童小販正兜售麥芽糖
賣毛蟹賺的銅板早已用罄
破銅爛鐵換的零錢亦已花光
只有令童子尴尬的吞口水聲
一再地把糗事告訴別人

稻草人

穀子初黃的田野中
佇立著幾個稻草人
終日面無表情
也默不做聲
村童土狗和小鳥
都畏懼三分
不過是稻草披著破衣爛帽
彷彿就賦了它鬼魂
晴朗的日子尚覺有趣
一旦下雨颳陰風
衣飄身動
總讓村童想到葬禮上的幡旗紙人
明明是紙糊的
還是覺得陰森森
童子倚聚在稻草墩

他們得到一個結論
毒蛇猛獸不足懼
鬼魂也不過愛小小的捉弄
最可怕的還是人
人會害人殺人甚至集體屠殺
不過人也最偉大
人會救人
甚至因此自我犧牲

人面蜘蛛

白匏子夾徑的高枝下
一張碩大的蛛網路中橫掛
所有的昆蟲都畏懼
村童也儘量避開牠

牠是空中的漁夫
八隻腳的吸血大王
背上有一張詭異的人面
村童直指那是鬼臉
就是鍾馗出門
也不想與牠相見

不是劍客
也非忍者
用一身紅黃黑的體色

偽裝劇毒難惹
看似無敵的傢伙
最後還是被寒冬收拾

【人面蜘蛛】

人面蜘蛛是台湾最大的蜘蛛，因为头胸部看起来像一张人脸（图4），所以被取名“人面蜘蛛”，它织的网非常大，直径可达两米以上（右页图）。

蜘蛛是肉食性的动物，它虽然有上颚、下颚和下唇组成的口器，但并不能用来咀嚼食物，而是先将毒液注入捕获的猎物身体中将它麻痹，再渗入酵素，将猎物身体里的蛋白质加以分解成液体再吸取，所以最后会像电影里的“吸血鬼”一样把猎物吸干，只留下一个空空的躯壳（图1、2）。

有时蛛网附近除了被捕食昆虫的躯壳外，还能发现蜘蛛的壳，那是蜘蛛长大过程中所蜕下来的旧壳（图3）。

4

2

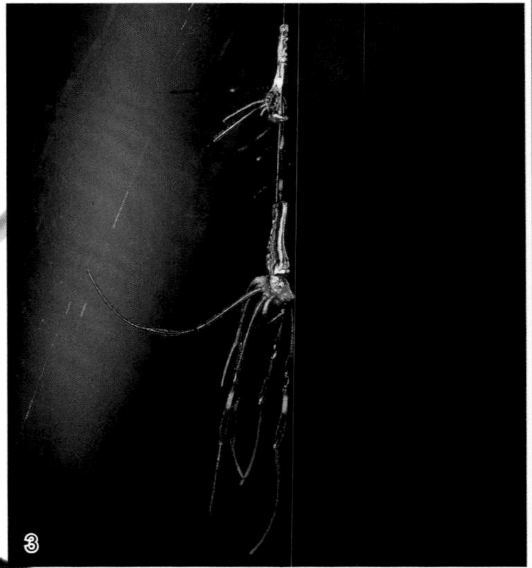

3

1

【蜘蛛的身体构造】

蜘蛛乍看起来跟昆虫十分相似，因为它们同属节肢动物门。但仔细观察后，它们又有很大的差别，例如，蜘蛛的身体分成两部分（图3），头和胸部结合在一起，后半则为腹部，所以身体由两部分组成。

而昆虫的头与胸各成一部，再加腹部，所以是由头、胸、腹三部分组成（图4）。再者，蜘蛛有四对脚，昆虫则只有三对脚。

蜘蛛的眼睛也是它的一大特色。以昆虫来讲，即使是由众多的单眼组成，最后仍是组成双眼，例如蜻蜓、苍蝇……但蜘蛛的眼睛是由单眼组成，最后的组成通常以八个居多数，也有六个或四个（图1），所以当我们凝视蜘蛛的眼睛，会觉得它像是来自外太空的异形（图2）。

1

4

3

2

【社群性的蜘蛛】

我们依蜘蛛的生活方式，可以将它们大致分成两大类：一类是结网性蜘蛛，以吐丝编成丝网来捕食；一类为不结网蜘蛛，是直接猎捕食物。

几种会织网的蜘蛛具有社群性（图1），会共同织成大而密的立体网（图2），范围大到能把整株大树都罩起来（图3），一旦猎物入网，众蜘蛛便会一拥而上。

相对于这种成群结队的捕食方式，住在水边捕食鱼类的蜘蛛就显得独来独往（图4）。这种蜘蛛非常特别，不但不结网，还会潜入水中捕鱼，天敌来袭时也藏身在水底，是蜘蛛中的潜水高手。

1

2

3

4

野地里的鉆石

冬日的早晨
野地裡掛滿了鑽石項鍊
在葉片下緣
在野花的花瓣尖
反射著日出的光箭

村童想將它掛在脖子上
也想將它收藏
可是它一碰到了手指
立刻就變了形改了樣
也頓失光芒

你這不可被佔有的寶貝
這正是何以你比鑽石更尊貴
只欣賞小生命的謙卑

為小草小花帶來大美
童子們從露珠中看到了朝陽
瞧見了顛倒的世界
人們要的是擁有
人們要的是炫耀
欲沾光鑽石的燦爛
不如讓自己的生命發亮

小老鼠

一隻小老鼠
住在泥牆下的小洞窟
踮著滑溜的細碎步
膽子似大又小
半夜三更
一夜辛苦
只為搬一條 小小的
紅番薯
正如此刻熟睡的村童
在夢裡依然忙忙碌碌
撿破銅拾廢鐵
割藥草撈蝦蛄
只為在炎炎夏日
買一枝甜甜涼涼的枝仔冰
消解難忍的嘴饞
與心中火一般的渴暑

无患子

北風瑟瑟草木搖落
大地一片蕭索
田野空空蕩蕩
天空冷冷漠漠
這是村童最不喜歡的景色
寂寥中
只有散生在山邊或溪岸的無患子樹
為村童帶來些許趣樂

奉命撿拾無患子的落果
提著小竹籃的童子
遍訪他們所知道的每一棵
這是難得輕鬆愉快的工作
也一舉兩得
皮肉用來做肥皂
它會產生細細的泡沫

黑圓的硬種子
是村童最愛的天然彈珠
用它來比準比巧也比多
這是寒冬中的遊戲
也是童子們最初學到的小賭博

【无患子】

无患子是台湾低海拔山区以及平野地区常见的树种之一，它与龙眼（图1）、荔枝同属无患子科。

无患子名字的由来众说纷纭。据说，古时候人们相信用这种树干制的木棒可以击杀鬼怪，备有此物则无患魑魅魍魉，所以就叫这种树为“无患树”，所结的种子叫“无患子”。也有人说，它结子众多，所以不患无后，故名“无患子”。

无患子树在春天会开出串串淡黄色的小花（图2、3），叶子在一、二月时转变成金黄色，是台湾最晚变色的树种，成为寒冬中特别的景致。

1

2

3

4

1

3

【无患子的功用】

成串高挂的成熟无患子种子（图1），颜色黑而坚硬（图2），古时僧侣用它来制作念珠，而村童们则用它作为玻璃弹珠的替代品。

无患子的种皮含有皂素，用水搓揉后会产生泡沫（图3），故可以当洗洁剂，不但洗衣服甚佳，用来洗头发也有洗净与润丝的功效。因此，在洗衣粉、洗发精未普及的年代，无患子树与人们的生活关系是十分密切的（图4）。

花莲卓溪乡有一条溪叫乐乐溪，著名的八通关古道（由今竹山越过中央山脉到达花莲玉里的古道，在1875年开辟）东段就是沿着这条溪东出玉里。乐乐溪是布农族语“拉库拉库”的日语发音，拉库拉库是布农族人称无患子树的名字。此溪大概是唯一用无患子树来命名的溪，也表明它的两岸有很多无患子树。

2

冬至
【冬之二·冬日漫步】
VILLAGE KIDS ON WILD TRAILS

冬至

【冬之二・冬日漫步】

九降風狂吹
夾著絲絲寒雨
環著老屋的竹叢
湧動如吞船的浪頭
發出巨濤的怒吼
氣溫越來越冷
村童許久流不停的鼻水
逐漸凝成濃濃的鼻涕
好像菜葉上蠕動的青蟲

無邊無盡的橙黃稻穗
一把一把為脫殼機所吞
怒吹的東北風
壓低了農夫的山歌聲
晒場上的穀粒一股股晾陳

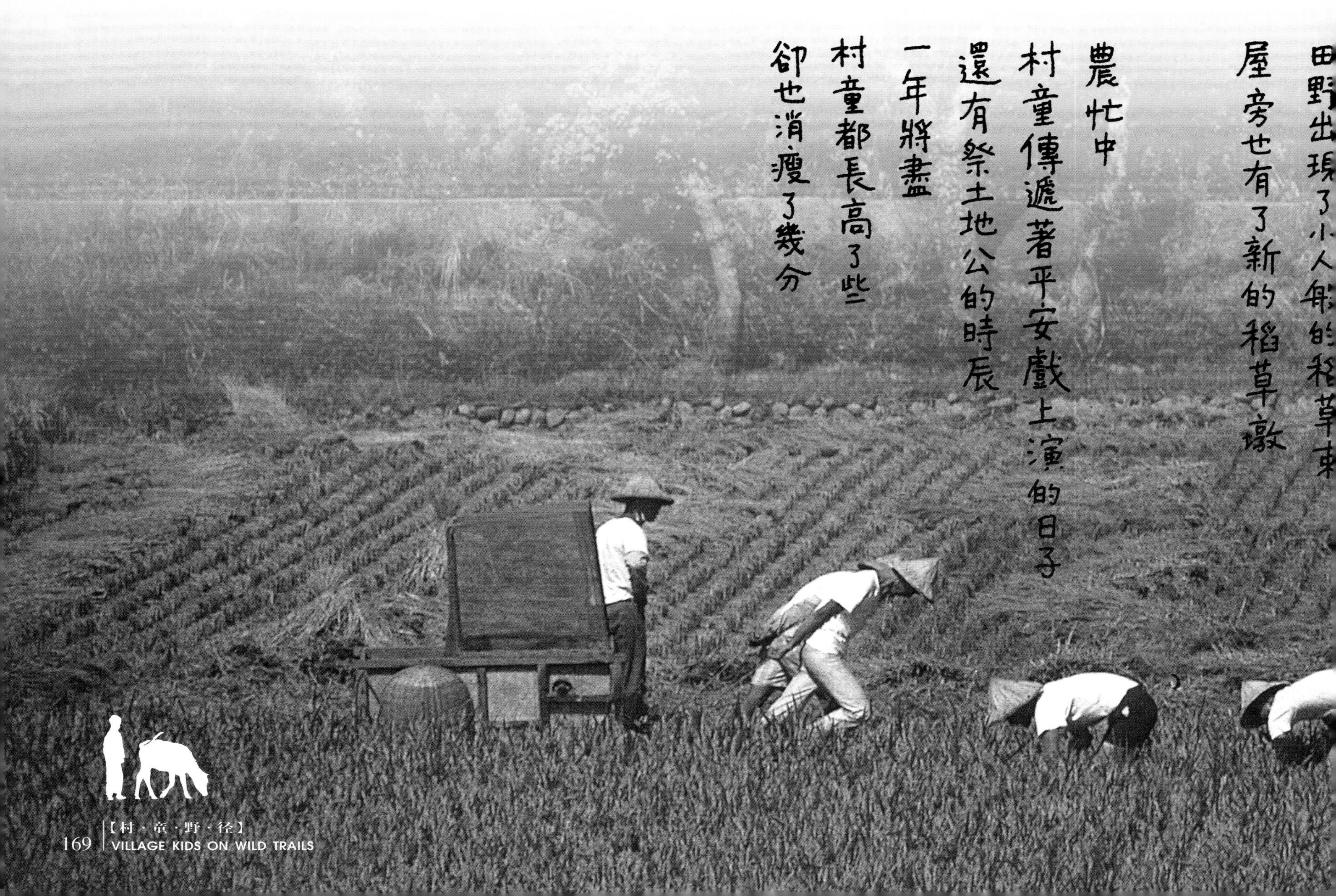

田野出現了小人般的稻草束
屋旁也有了新的稻草墩
農忙中
村童傳遞著平安戲上演的日子
還有祭土地公的時辰
一年將盡
村童都長高了些
卻也消瘦了幾分

【多功能的稻草】

稻子成熟时，农人将稻丛割下，再用脱谷机将谷子脱粒后运回收藏。收割后的田野里仅剩下稻草，农人将稻草数丛扎成一束，并将它立在休耕的田中晒干（图1）。经过一段时间的干燥后，便将其堆成小的稻草墩（右页图）。等到农闲时，再将稻草运回农舍附近的空地，堆叠成大型的稻草墩（图2）。这是农家储存稻草的步骤。

稻草的功用非常的多，可以作为牛的食物，也可以扎成守护稻田的稻草人（图3），还可用来作为生火时的火引或薪柴；在生活中，稻草可以做成草绳、草鞋等等。可别小看一根枯黄的稻草，它在农业时代，可是农家十分重要的生活用品呢!

1

2

3

大山背

平原東邊有一座橫向山
早晨總逆著光
下午常常罩著雲霧
大人說那兒就是大山背
許多故事與傳說
好像都發生在那深山
那也是村童想象中的另一世界
無論是稻埕乘涼的聚會
還是踩製酸菜的寒夜
他們最愛唸阿源伯的順口文

嫁妹不要嫁到大山背
上坡碰嘴
下坡撞背
三餐只有番薯簽

最多加盤地瓜葉
炎夏缺水
寒冬乏被
日日揮汗到天黑
歲歲年頭忙到年尾
沒有甜言蜜語來相慰
只能啊
放聲山歌來止淚
過了大山背
就是生蕃界
白天沒有官兵巡守
夜來無隘勇守衛
只有篝火和鑼聲
以及村犬徹夜嘷吠
勸君要記得
嫁妹莫要嫁到大山背

大卷尾之一

「呷酒！呷酒！」
「懶鬼！懶鬼！」
大卷尾以這樣的旋律
對著牧牛的村童高聲啼唱
他們正偷閒在雀榕樹上
大卷尾站在水牛背頂
像一個嚴厲的監工
時時叱責偷懶的村童
「阿鶖煎 阿鶖急
山背外婆過生日
要請我還是不請我
害我打扮等了兩三日」
村童們齊聲回嘴
嘲弄牠們是小氣鬼

大卷尾之二

隱藏草叢中的螽斯
被奔跑的村童驚飛
變成大卷尾的美食
被牛群撩起的蚱蜢
更是牠們的佳餚
大卷尾是最棒場的客人
總是緊緊追著餐車的移動

每當村童這樣高喊
「嗬！鵪婆嗬嗬！」
大卷尾立刻如箭飛起
把正要抓小雞的老鷹逐離
讓農家減少損失
村童也免去一頓叱責

他們是愛鬥嘴的好伙伴
是合作無間的最佳搭檔
正如村童彼此間一樣
拌嘴　吵架又和好
交織成童年最難忘的篇章

【大卷尾打老鹰】

台湾的客家人称大卷尾为“阿鸳煎”，或叫做“阿纠剪”，闽南人则叫它“乌鸳”。它是台湾平野相当普遍的鸟类，与农人的关系颇为密切。它以捕捉昆虫，特别是蝗虫、螽斯、蛾等作为食物，农人认为它是益鸟，也特别加以保护，所以不惧怕人类的它时常出现在牛只附近，甚至跟随在农人的拖拉机旁（图1、3），与八哥、牛背鹭等鸟类，一起等待被惊飞的虫子（右页图）。

大卷尾非常有领域性，对于陌生的鸟类，甚至像老鹰、大冠鹫等大型猛禽的飞近，都会快速而敏捷地迎击，闽南人常用“乌鸳打莱叶”这一俚语来形容“以小搏大”（“莱叶”是闽南人称呼老鹰的名字）。

鸦科鸟类都有驱赶大鸟入侵的习性，像乌鸦追打老鹰的场面，便不时在野地里上演（图2），就连美丽的台湾蓝鹊也是不好惹的，凡走近它巢下的动物一定会遭到痛击。身形略小的大卷尾在繁殖期间的凶猛护幼更不输蓝鹊，如果过分接近它的巢，它会尖声大叫，并奋不顾身地飞扑表示警告。有些顽皮的村童想爬上树捉它的幼雏，总会遭到啄咬爪抓的下场，村童常借此来测试谁比较勇敢。

大卷尾会在半夜鸣叫一两次，农人称此为打更。此时的鸣声与白天不同，听起来有些嘈杂，而白天的鸣叫则响亮有趣，听起来就像闽南语与客家话发音的“呷酒、呷酒，饿鬼、饿鬼（或懒鬼、懒鬼）”，因而引来心虚的村童与它对骂。前篇的童谣部分文字，就是村童常用来回敬大卷尾所念的词。

1

2

3

土狗好友

每一個村童都有特別的摯友
朋友總是熱烈等候
意見不多說走就走
那是形影不離的土狗

獨戶的農家
總養上一二隻作為夜晚巡守
白天就跟在村童左右
即使童子結伴偷水果
土狗也成了共犯結構

牠們是守口如瓶的好朋友
從不將秘密透露
無論是傷心或丟臉的事
村童都可以傾訴

牠隨時凝神豎耳聆聽
默默一起承受
或者溫柔地舔舐
村童手腳上各種
好好歹歹
或來路不明的小傷口

亲爱的老公鸡

親愛的老公雞
我知道你還在生我的氣
那樣做我也是不得已
為了贏回一局
我不得不拔你的尾羽

親愛的老公雞
我深深覺得對不起你
我們吃你老婆下的蛋
過年過節又宰你的後裔
但用你那亮麗又柔韌的尾羽
製作出的羽毛毽子
能讓我在學校所向無敵

我親愛的老公雞
這樣多少減損了你的神氣
但只要我不說你不啼

母雞們不會知
我的祖母也不會懷疑
老公雞在破曉前長啼
遠遠近近彼落此起
帶著神聖的使命
用盡全身的氣力
村童和所有的雞隻都相信
沒有老公雞拚命長啼
太陽很難很難在嚴冬中升起

老水牛

慢慢地走
我親愛的老水牛
分不開的難兄難弟
一條牢牢的繮繩
緊緊將我們繫在一起
繫著你辛苦的一生
還有我整個的童年記憶

我總累得糊里糊塗
常忘了到底是誰牽誰
竟能走過薄暮的山中小路
有時　我也會懷疑
你是牛　還是我
這好像沒有多少分別
繩子的兩端都是束縛

世都后時進入你我的耳朵

我常想
這世上只有烏龜比你沈默
你怎能忍受這樣的生活
我親愛的老水牛啊
除了悠閒地浸泡在水塘中
你還有甚麼其他快樂
不過
我知道有一件事你強過我
至少
你沒有惱人的功課

【牛】

牛是早期台湾农家最重要的动力，无论拉车拉犁都得靠牛（图4）。因此，农家不吃牛肉，用来表示对牛的感激与不舍。工作牛有两种，即水牛与黄牛。水牛一般是用于水田耕作（图1），黄牛则在旱田工作，包括犁田、刈碎土块、耙平，有时也拉车运送农产品。

台湾的水牛源自亚洲热带的野水牛（图2），今天我们仍然可以在印度及斯里兰卡的荒野看见亚洲水牛，模样与台湾所饲养的水牛十分相似。这些水牛都在平原草泽间活动，喜欢泡水（图5），也常在泥泞中打滚，让湿泥涂满全身，一方面可以驱除寄生虫，减低苍蝇及虻的侵害，还可以防晒。

黄牛在台湾又称为赤牛（图3），喜欢干燥，故适合在旱田工作，过去嘉南平原没有曾文水库可灌溉，农田皆为旱地，所以嘉南地区以黄牛居多。黄牛的原生种是爪哇牛，生存在今天的爪哇岛、婆罗洲、缅甸等开阔林地的森林与灌木丛中，但人类的快速开发与栖地破坏，导致它濒临绝种。

2

1

5

4

3

童年感言

【写在最后】

VILLAGE KIDS ON WILD TRAILS

童年感言

【写在最后】

貧苦的童年生活經驗
經過時間的發酵
逐漸釀成甘美的回憶
酸澀的童年暗恋
也变成了甜蜜的詩篇
疼入心肺的傷口
結成了驕傲的疤痕勛章
那瑟瑟的淚水
如雨滴落的汗
变成源源不絕的靈感
原來生活中的一切苦辣辛酸
都自有其深意
自有其完美

以喜悦的心
品嚐人生中的一切發生與遭遇
生命自然精彩歡喜

WIND

图书在版编目（CIP）数据

村童野径 / 徐仁修撰文、摄影. —北京：北京大学出版社, 2014.2（2020.7重印）
（徐仁修荒野游踪·寻找大自然的秘密）
ISBN 978-7-301-23577-5

Ⅰ. ①村… Ⅱ. ①徐… Ⅲ. ①自然科学—青年读物 ②自然科学—少年读物 Ⅳ. ①N49

中国版本图书馆CIP数据核字（2013）第296339号

书　　名：村童野径
著作责任者：徐仁修　撰文·摄影
丛 书 策 划：周雁翎　周志刚
责 任 编 辑：周志刚
美 术 设 计：黄一峰
标 准 书 号：ISBN 978-7-301-23577-5/N·0061
出 版 发 行：北京大学出版社
地　　址：北京市海淀区成府路205号　100871
网　　站：http://www.pup.cn　新浪官方微博：@北京大学出版社
电 子 信 箱：zyl@pup.pku.edu.cn
电　　话：邮购部 62752015　发行部 62750672　编辑部 62753056　出版部 62754962
印 刷 者：北京天恒嘉业印刷有限公司
经 销 者：新华书店
787毫米×1092毫米　16开本　12印张　160千字
2014年2月第1版　2020年7月第3次印刷
定　　价：59.00 元

徐仁修荒野游踪·寻找大自然的秘密

◎与大自然捉迷藏

◎大自然小侦探

●村童野径

徐仁修荒野游踪·写给大自然的情书

◎思源垭口岁时记

◎荒野有歌

◎仲夏夜探密

◎动物记事

◎自然四记

◎猿吼季风林

◎家在九芎林

VILLAGE KIDS ON WILD TRAILS 【村·童·野·径】